Gottfried Willhelm Leibniz, Carl Gerhard

Leibnizens gesammelte Werke

Supplementband: Briefwechsel zwischen Leibniz und Chr. Wolf

Gottfried Willhelm Leibniz, Carl Gerhard

Leibnizens gesammelte Werke
Supplementband: Briefwechsel zwischen Leibniz und Chr. Wolf

ISBN/EAN: 9783743472143

Printed in Europe, USA, Canada, Australia, Japan

Cover: Foto ©berggeist007 / pixelio.de

More available books at **www.hansebooks.com**

BRIEFWECHSEL

ZWISCHEN

LEIBNIZ und CHRISTIAN WOLF

AUS DEN HANDSCHRIFTEN

DER KOENIGLICHEN BIBLIOTHEK ZU HANNOVER

HERAUSGEGEBEN

VON

C. I. GERHARDT.

MIT EINER FIGURENTAFEL.

HALLE,

DRUCK UND VERLAG VON H. W. SCHMIDT.

1860.

DER

KOENIGLICHEN

FRIEDRICH-WILHELMS-UNIVERSITAET

zu

BERLIN

AM TAGE

IHRER VOR EINEM HALBEN JAHRHUNDERT
ERFOLGTEN GRUENDUNG

GEWIDMET.

BRIEFWECHSEL

ZWISCHEN

LEIBNIZ und CH. WOLF.

BRIEFWECHSEL

ZWISCHEN

LEIBNIZ UND CH. WOLF.

In dem letzten Jahrzehnt seines Lebens wurde Leibniz von Missgeschick aller Art heimgesucht. Der erste Schlag traf ihn am härtesten; es starb den 1. Februar 1705 die geistreiche Königin von Preussen, Sophie Charlotte. Sie war für Leibniz mehr als eine hohe Beschützerin, sie hatte ihn zu ihrem väterlichen Freunde und Berather erkoren. Als hannöversche Prinzessin vermittelte sie, dass an beiden Höfen, in Berlin und Hannover, sein Einfluss von höchster Bedeutung war. Durch ihr unerwartetes, frühes Hinscheiden wurde denn auch Leibniz, zu dessen Lebensbedarf gewissermassen gehörte, in den Strahlen der fürstlichen Höfe sich zu sonnen, so tief erschüttert, dass er nur mit Mühe eine ruhige Fassung wieder gewinnen konnte; er fühlte sofort, dass es um seine einflussreiche Stellung am preussischen Hofe geschehen sei, wo er als Ausländer von den leitenden Personen immer mit einem gewissen Misstrauen aufgenommen worden war. Nicht besser erging es ihm am hannöverschen Hofe; hier hatte er zuletzt allein in der alten Kurfürstin Sophie eine Stütze, die ihm aber auch wenige Jahre vor seinem Tode (sie starb den 8. Juni 1714) entrissen wurde, gerade als sich ihm eine Aussicht eröffnete, von Hannover, wo er sich seit langer Zeit nicht mehr heimisch fühlte, in einen grösseren Wirkungskreis versetzt zu werden. Für diese grossen Verluste waren die Gnadenbezeugungen, mit welchen ihn der kaiserliche Hof in Wien überhäufte, und die Auszeichnung, dass er durch den Kaiser Karl VI. zum Reichshofrath ernannt

1*

wurde, nur ein schwacher Ersatz. Dazu kamen körperliche Leiden,
welche seine geistige Thätigkeit hinderten, gelehrte Streitigkeiten
nach allen Seiten hin, die nicht zum Austrag gebracht werden
konnten, da es ihm wegen Vielbeschäftigung an Zeit gebrach —
kurz, Leibniz befand sich zuletzt in einer solchen Lage, dass es
fast schien, als sei der Glanz seines Namens im Niedergehen
begriffen.

Diess musste vorausgeschickt werden, einmal um die Zeit
zu charakterisiren, in die der Briefwechsel zwischen Leibniz und
Christian Wolf fällt, sodann aber auch um namentlich das Ver-
fahren der deutschen Gelehrten Leibniz gegenüber zu erklären, das
sie, die ihn bei seinen Lebzeiten als ihren Mittelpunkt umschwärmt
hatten und durch ihn in jeder Hinsicht gefördert worden waren,
nach seinem Tode beobachteten. Als der mächtige Löwe todt war,
dessen Reich in seinen Grundfesten zuletzt erschüttert schien, galt
es für sie nur, den möglichst grössten Theil von seinen Errungen-
schaften in Sicherheit zu bringen und als Eigenthum in Anspruch
zu nehmen. Keiner in Deutschland dachte daran, den grossen
Todten zu feiern und seine von Ausländern angegriffene Ehre zu
vertheidigen; vielmehr liessen alle die, für die er sich so warm
interessirt, für deren leibliches und geistiges Fortkommen er so
angelegentlichst gesorgt hatte, ihn geflissentlich der Vergessenheit
anheimfallen, um mit seinen Federn desto ungestrafter sich zu
schmücken. So war es in der Mathematik *), so in der Philoso-

---

*) Auf schamlose Weise verfuhr namentlich Johann Bernoulli.
Er beanspruchte als der Entdecker der Integralrechnung zu gelten, ob-
wohl ihm Leibniz nur darin zu Willen gewesen war, dass die Rechnung, die er ihrem Ursprung gemäss „calculus summatorius" nannte,
den von Joh. Bernoulli aufgestellten Namen „calculus integralis" tra-
gen sollte (Sieh. Leibnizens mathematische Schriften, Bd. III. S. 115 f.).
Man hat ihn auch bis auf die neueste Zeit allgemein dafür gehalten.
Erst dadurch, dass ich auf der Königlichen Bibliothek zu Hannover das
Manuscript auffand, in dem Leibniz den Algorithmus der höheren Analysis einführt und aus dem erhellt, dass die Entdeckung der Integral-

phie. Es ist bekannt, dass Wolf es sehr übel vermerkte, als die
Meinung laut wurde, dass er als Philosoph sich auf die Schultern
des grossen Leibniz gestellt habe; er war auf seine vermeintliche
Originalität in der Philosophie eifersüchtig genug, öffentlich zu ver-
sichern, dass er ganz durch sich selbst, mit Leibniz zugleich, auf die-
selben Ergebnisse und Philosopheme gelangt sei *). Merkwürdiger
Weise wurde er in dieser Zuversicht dadurch bestärkt, dass ihm
gewisse Aeusserungen Leibnizens zu Gesicht kamen, die dieser in
Briefen an verschiedene Gelehrte in Betreff seines Verhältnisses zu
Wolf abgegeben hatte und die nun der letztere zu seinen Gunsten
zu deuten verstand **).

Diesen Aeusserungen gegenüber bietet die bisher unedirte
Correspondenz zwischen Leibniz und Wolf ausreichendes Correctiv;
nicht nur erhellt daraus, dass es mit der Anknüpfung des Verhältnisses zu Leibniz anders sich verhält, als von Seiten Wolfs
entweder absichtlich oder in Folge eines Gedächtnissfehlers in sei-

rechnung der der Differentialrechnung vorangig, ist jene Anmassung
vollständig beseitigt worden. Doch dies ist nicht alles. Joh. Bernoulli ver-
leugnete wiederholt in mehreren wenige Jahre nach Leibnizens Tode ge-
schriebenen Briefen sein eigenes Urtheil, das er über Newton in Betreff
der Erfindung der Fluxionsrechnung abgegeben hatte und das von
Leibniz in einem fliegenden Blatte (S. Leibnizens mathematische Schriften, Bd. V. S. 410) bekannt gemacht worden war; er compromittirte
dadurch die Zuverlässigkeit Leibnizens, von dem er überhaupt in einem
sehr herabwürdigenden Tone spricht, lediglich um den Zorn Newton's zu
beschwichtigen. Diese drei Briefe Joh. Bernoulli's an Newton aus den
Jahren 1719 bis 1723 finden sich in Brewster, Memoirs of the life,
writings, and discoveries of Sir Isaac Newton. Voll. II. p. 502 sqq.
    *) Guhrauer, Leibniz. Theil 2 S. 263.
    **) In einem Briefe an Remond de Montmort (Jul. 1714) schreibt
Leibniz: Mr. Wolfius est entré dans quelques-uns de mes sentimens,
mais comme il est fort occupé à enseigner, sur tout les Mathéma-
tiques, et que nous n'avons pas eu beaucoup de communication en-
semble sur la Philosophie, il ne sauroit connaitre presque de mes sentimens que ce que j'en ai publié.

ner eigenen Lebensbeschreibung *) dargestellt wird, besonders aber
geht daraus hervor, wie sehr Leibniz es sich angelegen sein liess,
belehrend und zurechtweisend auf die Studien Wolf's einzuwirken,
was denn auch der letztere im ausgedehntesten Masse zu benutzen
und auszubeuten verstand, von ihm jedoch in der eben erwähnten
Lebensbeschreibung ganz mit Stillschweigen übergangen wird.

———————

Christian Wolf (geb. den 24. Januar 1679 zu Breslau) zeigte
frühzeitig eine entschiedene Vorliebe für philosophische und mathematische Studien.   Leider war es auf den Schulen seiner Vater-
stadt, auf welchen er seine Vorbildung erhielt, mit dem Unterricht
in der Mathematik schlecht bestellt.   In Bresslau, erzählt er selbst
in seiner Lebensbeschreibung S. 118 f., hatte ich zwar grosse Lust
die Mathesin zu erlernen, allein keine Gelegenheit dazu, indem
ausser dem usu Globorum coelestis et terrestris und den Zeich-
nungen der geometrischen Figuren nichts gelehret ward.   In mei-
ner Kindheit ehe ich, das zehende Jahr erreicht hatte, bekam ich
des Gemmae Frisii Arithmeticam in die Hand, wie ich erst etwas
lateinisch zu verstehen anfing, und daraus erlernete ich vor mich
das rechnen, selbst die extractionem radicum, sowohl cubicarum als quadratarum.   Einige Jahre darauf kam mir Horchens
Rechenkunst in die Hand, daraus ich den calculum literalem er-
lernte und eine obzwar sehr schlechte idée von der Algebra bekam, wovon sonst kein Buch konnte zu sehen bekommen, als auf
der Bibliothek Clavii opera.   In der Geometrie konnte ich nicht
recht fortkommen, weil mir die Lust bald vergieng, da nicht sah,
wozu ich die Propositiones gebrauchen sollte.   Und da Clavii
Euclidem hatte, waren mir die demonstrationes zu weitläuffig, in-

*) Christian Wolff's eigene Lebensbeschreibung, herausgegeben
von H. Wuttke.   Leipzig 1841.

dem ich allzuhietzig war, eine Sache bald zu begreiffen. — Nicht viel
besser war es in dieser Hinsicht auf den deutschen Universitäten.
In Leipzig und Halle lagen die mathematischen Studien ganz darnie-
der; es war kaum ein Docent vorhanden. Wolf begab sich deshalb,
ebenso wie früher Leibniz, nach Jena, wo durch Erhard Weigel,
zu dessen Zuhörern Leibniz gehört hatte, einiger Sinn für die Mathematik geweckt worden war. Nach Weigel's Tode hielt daselbst
ein gewisser Hamberger mathematische Vorträge. Wir erfahren
von Wolf selbst, worüber sich diese im Jahre 1699 — also nach-
dem bereits 15 Jahre seit der Bekanntmachung der Differentialrechnung durch Leibniz verflossen waren — erstreckten: Hamberger las über die „Mathesin Enucleatam Sturmii, it. hujus Mathesin compendiariam und ej. Physicam conciliatricem" (Wolf's
Lebensbeschreibung, S. 120). Jedoch, erzählt Wolf selbst weiter
(S. 122), da Herr Sturm die Deutlichkeiten des Euclides im demonstriren nicht in acht genommen und daher der Methodus
Euclidea, auf den sonderlich meine Absicht gerichtet hatte, mir nicht
daraus bekannt wurde, blieb mir noch immer viele Dunkelheit
übrig, ausser wo es auf den calculum literalem ankam, den ich
schon vor mich in Bresslau mir bekandt gemacht hatte und mir
jetzo wohl zu statten kam, da meine Commilitones die meiste
Schwierigkeit dabey fanden. Weil der Herr von Tschirnhausen in
dem Unterrichte der Mathematik und Physick zu studiren des
Tacquets Elementa Euclidis recommendirte, so schafte ich mir dieselbe an und nahm daraus Gelegenheit die Corollaria des H. Sturms
als propositiones zu demonstriren, welche demonstrationes ich auch
einigen von meinen commilitonibus communicirte und dadurch,
was sie nicht recht begriffen hatten, weiter erklärte. Hierdurch bekam ich das erste Licht von der methodo demonstrandi veterum. —
Wolf erging es demnach in Jena ebenso, wie wir es von Leibniz
wissen, als dieser 30 Jahre früher die mathematischen Vorträge in
Leipzig besuchte; beide mussten sich über die Schwierigkeiten
selbstständig aufklären.

Wolf blieb bis zum Jahre 1703 in Jena; alsdann begab er sich nach Leipzig, um daselbst als Docent der Mathematik aufzutreten, wozu er bereits ein Jahr vorher die nöthigen Vorbereitungen getroffen hatte. Er schrieb zu diesem Behuf die beiden Dissertationen: Philosophia practica universalis, mathematica methodo conscripta, und De algorithmo infinitesimali differentiali, von welchen er die letztere auf Anrathen Mencke's Leibniz zueignete. Dies wurde die Veranlassung zu seiner Correspondenz mit Leibniz *).

Sogleich in dem ersten Briefe Wolf's, mit welchem er die zuletzt genannte Dissertation an Leibniz übersandte, begegnen wir einem Bekenntniss, das den wahren Charakter von Wolf's Bestrebungen enthüllt; es sind die Worte: Utut nondum sim is, qui Mathematici aut Philosophi titulum mihi vindicare valeam, operam tamen sedulam navaturus, ut, si novis inventis frustra invigilem, aliorum iuventa familiaria mihi reddam. Und gewissermassen ergänzend hierzu bemerkt er in einem spätern Briefe: Varia notavi, ad quae quia non satis attendunt Viri alias magni (cum quibus ut me comparem numquam mihi sumam) vel quia ipsis non vacavit vel quia non libuit ad tam levia attendere,

---

*) In seiner Lebensbeschreibung stellt Wolf das Obige ganz anders dar; er erzählt S. 133: Meine Dissertationem de Philosophia practica universali censirte H. Mencke als Professor moralium. Weil er nun sahe, dass ich dieselbe methodo mathematica geschrieben hatte, ich auch nicht bey der alten Leyer verblieb, sondern weiter zu gehen suchte, so fragte er mich, ob ich die Mathesin studirt hätte, indem seine Absicht war, mich bey den Actis zu gebrauchen. Er schickte desshalb dieselbe ohne mein Wissen an den Herrn von Leibnitz, um sein Urtheil von mir zu vernehmen, welches aber so geneigt ausfiel, dass ich schamroth wurde, als er mir dieselbe aus der Antwort vorlass und zugleich einen Brief von dem H. von Leibnitz überreichte. — Wolf erwähnt mit keinem Worte, dass er seine Dissertation: De algorithmo infinitesimali differentiali, Leibniz gewidmet, ebenso wenig, dass Leibniz zu seiner Berufung nach Giessen mitgewirkt habe.

in .varios incidunt errores, aut meditata sua non concinno satis ordine proponuntur aut non sufficienter exponunt. Wolf's Absicht ging demnach dahin, die Erfindungen Anderer sich zu eigen zu machen und ihnen die Form zu geben, welche die Wissenschaft verlangt. Desbalb kam es ihm vor allen Dingen darauf an, das grösstentheils in Zeitschriften zerstreute Material möglichst vollständig zusammenzubringen, was sowohl in Betreff der Mathematik als der Philosophie mit nicht geringen Schwierigkeiten verknüpft war. Seine nächsten Briefe beweisen, dass er, wenigstens was die Mathematik anlangt, keine Mühe scheute. Demnächst aber musste sein Bestreben darauf gerichtet sein, über die Grundbegriffe, die er in Ordnung zu bringen und zu verarbeiten gedachte, sich Klarheit zu verschaffen, und in dieser Hinsicht kommt ihm Leibniz auf das willfährigste entgegen. Nicht nur unterzieht er sich der Mühe, die ersten Schriften Wolf's aufs sorgfältigste durchzugehen, und theilt ihm seine Bemerkungen und Berichtigungen mit, sondern er giebt ihm auch, als sich z. B. herausstellt, dass Wolf noch keine Kenntniss von der Lehre der prästabilirten Harmonie hat, die Grundzüge derselben im Zusammenhang. Wahrlich eine Aufopferung von Seiten Leibnizens, die seinen so oft verdächtigten Charakter im schönsten Lichte zeigt. Auch wird dies von Wolf in dem Briefe vom 13. Mai 1705 anerkannt; er schreibt: Multum in expoliendo hoc argumento me adjuvisse Excellentiae Vestrae ad Philosophiam meam Practicam communicatas correctiones, ingenue confiteor. Nec is solus est, quem inde reportavi, fructus. Video enim mihi accensam esse facem, quae doctrinas morales per hoc aestivum tempus in gratiam juvenum quorundam generosioris animi paulo altius repetituro insigniter praelucebit. Wie stimmt nun aber hierzu die Angabe Wolf's in seiner Lebensbeschreibung S. 142: Der Herr von Leibnitz wollte haben, dass ich nach dem Exempel des H. Bernoulli mich allein auf die höhere Geometrie legen und seinen calculum differentialem excoliren sollte: allein ich hatte mehr Lust die Philosophie zum Behufe der obern Facultäten in bessern Stand zu bringen. Daher ich mit ihm in dessen Philosophicis nicht correspondiren mochte! Allerdings erhält Wolf von Leibniz einmal den Rath *), tüchtig Mathematik zu studiren, aber nur um dadurch eine gute Grundlage für seine philosophischen Studien zu gewinnen. Wolf bemühte sich auch dieser Weisung zu folgen; denn seine nächsten Briefe sind angefüllt mit mathematischen Studien, aus denen indess hervorgeht, dass es ihm nicht gelingen wollte, sich auf die Höhe der Wissenschaft zu schwingen.

Gegen Ende des Jahres 1706 erhielt Wolf, ebenfalls auf besondere Verwendung von Seiten Leibnizens, die Professur der Mathematik an der Universität Halle. Ueber sein Auftreten und sein Wirken daselbst berichtet er in seiner Lebensbeschreibung das Folgende (S. 146): Als ich nach Halle kam gegen das Ende des 1706ten Jahres, fand ich den Zustand anders, als ich ihn gewünscht hätte. Die Mathematik war eine unbekandte und ungewohnte Sache, von der Solidität hatte man keinen Geschmack und in der Philosophie dominirte H. Thomasius, dessen sentiment aber und Vortrag nicht nach meinem Geschmack waren. Daher liess ich mich die ersten Jahre mit der Philosophie gar nicht ein und lass nur über Sturm's Tabellen in der Mathematik, über die Algebra nach meinen MSC., ingleichen über die Baukunst und die Fortification privatissime. Als aber in kurtzer Zeit der H. Hoffmann nach Berlin als Leibmedicus ging, welcher vorher die collegia experimentalia gehabt hatte, schaffte ich mir Instrumente an und lass anfangs über die Physicam experimentalem, nach diesem auch über die Physicam dogmaticam. Und weil alsdann einige waren, die

---

*) Siehe den Schluss des Briefes vom 8. December 1705: Caeterum suadeo, ut dum in vigore es aetatis, magis Physicis et Mathematicis quam philosophicis immoreris, praesertim cum ipsa Mathematica potissimum juvent philosophantem, neque ego in Systema Harmonicum incidissem, nisi leges motuum prius constituissem, quae systema causarum occasionalium evertunt. Quae tamen non ideo dico, ut Te deterream a philosophando, sed ut ad severiorem philosophiam excitem.

mich aufmunterten, ich möchte auch über die andern Theile der Philosophie lesen, so bequemte ich mich auch dazu. — Wolf folgte demnach dem Beispiel Leibnizens; er beschäftigte sich mit Philosophie, Mathematik, Physik, Naturgeschichte — für die geistige Befähigung Wolf's zu Verschiedenartiges. Ein getreues Abbild dieser Vielbeschäftigung bieten denn auch seine Briefe aus dieser Zeit; sie enthalten durch einander Mittheilungen über mathematische Untersuchungen, physikalische Experimente, naturhistorische Studien; aber in Keinem vermochte Wolf sich zu, irgend welcher Höhe zu erheben. Konnte er mit einer Sache nicht zu Stande kommen, so ist immer seine Zuflucht zu Leibniz, der nicht ermüdet, mit Rath und Hülfe bei der Hand zu sein. Diese grosse Unselbstständigkeit Wolf's in wissenschaftlichen Dingen zeigt sich besonders auch darin, dass als ihm von der Redaction der Acta Eruditorum die neuesten Erscheinungen der mathematischen Literatur zur Besprechung aufgetragen wurden, er stets seine Anzeigen, bevor deren Abdruck geschah, Leibniz zur Einsicht vorlegte, der nicht selten weitere Bemerkungen hinzufügte. Durch diese unausgesetzte, sehr lebhafte Correspondenz, und dass Wolf eben in Folge seiner Betheiligung an den Actis Eruditorum über die neuesten Vorgänge in der Literatur regelmässige Mittheilungen an Leibniz machen konnte, erklärt sich leicht, dass er nach und nach für den letzteren gewissermassen unentbehrlich wurde. Zugleich erkannte Leibniz, dass eine solche Hülfe, wie Wolf ihm zu jeder Zeit zu leisten bereit sich zeigte, für seine damaligen Verhältnisse, besonders in den Jahren 1711 bis 1714, von der höchsten Wichtigkeit war, denn er lebte in dieser Zeit entfernt von Hannover am kaiserlichen Hofe in Wien. In dieser für Leibniz äusserst ungünstigen Lage geschah es, dass der Streit über den ersten Entdecker der Differentialrechnung mit grösster Heftigkeit von neuem ausbrach; ja es schien als sollte von Seiten der Engländer der letzte, vernichtende Streich gegen ihn geführt werden. Die Königliche Societät zu London veranstaltete eine Sammlung Originaldocumente und liess sie unter dem Titel: Commercium epistolicum Joh. Collinsii aliorumque de Analysi promota, veröffentlichen, um dadurch aufs unzweideutigste die Rechte Newton's als ersten Erfinder der höhern Analysis darzuthun. Die erste Nachricht von dem Erscheinen dieser Schrift erhielt Leibniz durch Wolf. Er erkannte sofort, dass in dieser Angelegenheit von seiner Seite etwas geschehen müsse; aber er war entfernt von seinen Papieren, die ihm allein die Beweise für sein gutes Recht darbieten konnten. In dieser Verlassenheit wandte er sich zuerst an Johann Bernoulli und bat um sein Urtheil. Auf Grund dessen entwarf er eine kurze Entgegnung und sandte sie an Wolf, der sie als fliegendes Blatt drucken liess *). Ebenso gingen auch durch Wolf's Hände alle übrigen Anzeigen, die Leibniz, um die Angriffe der Engländer zurückzuweisen, in den damaligen Zeitschriften bekannt machte.

Dieser ununterbrochene Verkehr mit Leibniz, welcher die Bekanntschaft vieler andern Gelehrten, mit denen Leibniz in Verbindung stand, nach sich zog, so wie die Betheiligung an der Herausgabe der Acta Eruditorum, für die damalige gesammte gelehrte Welt ein Centralorgan, verschafften Wolf sehr bald eine gewisse Berühmtheit, die er durch seine ausserordentliche schriftstellerische Thätigkeit nicht wenig zu erhöhen verstand. Er trachtete darnach alle Gebiete des Wissens nach mathematischer Methode zu behandeln und verlieh dadurch seinen Schriften einen Schein der Neuheit. Deshalb wurde auch Wolf von seinen Zeitgenossen als ein Praeceptor totius generis humani gefeiert. Indess die Nachwelt hat anders gerichtet; Wolf's Schriften werden gegenwärtig nicht mehr gelesen, sie sind verschollen; dagegen bieten noch jetzt die philosophischen Speculationen Leibnizens, zu denen Wolf sich nicht erheben konnte **),

---

*) Sieh. Leibnizens mathematische Schriften. Bd. V. S. 411 f.

**) Wolf schreibt an den Grafen von Manteuffel den 13. December 1743: Dass er (Prof. Bose) die belles lettres überall einmengen will, hat mir nicht gefallen und ist heut zu Tage nirgends mehr der Ge-

eine reiche Fülle von Problemen, die den menschlichen Verstand
unausgesetzt beschäftigen.

———————

Bis zum Jahre 1707 ist die Correspondenz zwischen Leibniz
und Wolf vollständig mitgetheilt, um das Verhältniss, in dem Wolf
zu Leibniz stand, genau kennen zu lernen. Aus der spätern Zeit
sind die Leibnizischen Briefe, so weit sie sich auf der Königlichen
Bibliothek zu Hannover vorfanden, unverkürzt beibehalten, dagegen
von den an Inhalt oft sehr unbedeutenden Wolf's nur so viel, als
zum Verständniss der erstern nöthig erschien.

———————

schmack davon, als in Holland. Daher nehme ich mir nicht die Gedult,
was dahin gehöret zu lesen, sondern übergehe es: wie ich auch
aus dieser Ursache des H. von Leibnitz Theodicée nicht
gantz durchlesen können, sondern vielmehr nur oculo
fugitivo durchblättert habe, ob ich gleich davon die recensionem in die Acta gemacht, indem ich mir das her-
ausgenommen, was zur Sache gehört: worinnen ich ihm auch
selbst ein Gnügen gethan. — Ch. Wolff's eigene Lebensbeschreibung,
herausgegeben von Wuttke, S. 83.

———————

I.

Wolf an Leibniz.

Cum mihi nihil antiquius esse debere unquam duxerim, quam in omnibus actionibus ad Numinis non minus gloriam, quam publicum respicere commodum; ea quoque sectatus sum studia, quae ingenium quam maxime excolunt, solidamque discentibus doctrinam certo promittunt. Quoniam itaque Matheseos ac Philosophiae studio huc usque ita incubui, ut in instituenda juventute studiosa me non tempus male collocaturum confidam, Mecaenates quaerendos consultum duxi, qui me ad talem spartam evehere valent. Unice vero cum Perillustris Excellentia Tua mihi sufficiat, ut voti compos reddar, levi hoc specimine tanto Mecaenati innotescere volui, ea, qua est, animi submissione precatus, ut ne importunum hunc clientis ausum aegre feras, sed data potius occasione ad docendi quoddam munus promoveas. Utut enim nondum sim is, qui Mathematici aut Philosophi titulum mihi vindicare valeam, operam tamen sedulam navaturus, ut, si novis inventis frustra invigilem, aliorum inventa familiaria mihi reddam atque in officio constitutus semper meminerim, me ab Illustri Leibnitio Principibus commendatum. Deum interea Optimum Maximum supplex exoro, ut Perillustrem Excellentiam Vestram diu servet incolumem, quo sub patrocinio Tuo server et ego etc.

Dabam Lipsia d. 20. Dec. 1704.

Beilage.

Die erste Mittheilung in Bezug auf Wolf erhielt Leibniz durch das folgende Schreiben Mencke's, dessen Inhalt auch in anderer Hinsicht von Interesse ist.

Mencke an Leibniz.

Hirauf habe berichten sollen, dass gestern Dero relation von des Hrn. Newton zweyen Algebraischen tractaten endlich bey mir eingelaufen, undt sage ich dafür gehorsamsten Danck. Ich möchte wündschen, dass von dem hauptwerck de Coloribus auch eine relation dabey were, den ich niemanden alhier habe, der zugleich der materie undt Englischen Sprache mächtig were. Indessen hoffe ich ja auch ein exemplar von dem buche selbst zu bekommen, weil die Verleger meine correspondenten seyn. Ein hübscher Mensch ist sonst alhier, L. M. Wolf, welcher in omni parte Matheseos, auch in Algebraicis, gar wol versiret ist, auch ein gut lateinisch concept machet; aber der Sprachen ist er noch nicht mächtig, wiewol er sich deren auch mit der Zeit bemächtigen wird. Vielleicht sendet er Meinem hochgeehrtesten Patron nechstens ein specimen. Verbleibe u. s. w.

Leipzig d. 12. Nov. 1704.

Als Leibniz den obigen Brief Wolf's erhielt, wandte er sich, wie aus einem noch vorhandenen Schreiben hervorgeht, an Mons. de Camezki, Conseiller de la Chambre de S. A. S. Mgr. le Landgrave de Hesse-Darmstat, um Wolf für die erledigte Professur der Mathematik an der Universität Giessen zu empfehlen. In diesem Schreiben bemerkt Leibniz, dass Wolf als Privatlehrer der Mathematik zu Leipzig mit grossem Beifall fungire.

II.

Leibniz an Wolf.

Non tantum auctus, sed et ornatus Tuo munere, dudum respondere debebam literis humanissimis et gratias agere pro dedicatione honorifica Algorithmi Tui infinitesimalis. Sed dum omnibus septimanis a binis pene mensibus hinc discedo domum, distuli scribendi officium in quietiorem locum: donec postremo adhuc morantem deprehendit tristissimus nuntius, qui Reginae Borussorum, incomparabilis sane Principis, mihique inprimis faventis, mortem Hanovera attulit. Inde novae morae, quas nunc rumpo utcunque, et do ad Te literas, non quas postulat argumentum, sed quas patitur locus.

i Ac primum valde gaudeo esse in Germania, qui novum nostrum Calculum infinitesimalem, ubi natus est, ornare velit; hactenus enim praeter Helvetios atque Britannos tantum in Gallia aliqui huc animum adjecere. Itaque si ope esse possum ad praeclara tendenti, operam Tibi dabo lubens.

. Percurrens dissertationem, annotabo quaedam, fortasse Tibi non displicitura. ad calculi nostri usum in posterum. Primum divisionem commode mecum ita aliquando exprimis a:b, id est $\frac{a}{b}$, quod facio ut spatium lucrer. Eandem ob causam commatibus et parenthesibus lineae supraducendae necessitatem vito, ex. gr. loco $\frac{a-y}{a}$ vel $\overline{a-y}:a$ scribo a—y, : a vel (a—y) : a. Hoc observare pertinebit ad claritatem paginae Tuae 5.

Cum dicitur, si infinitesima per infinitesimam multiplicetur, productum erit infinitesimae infinitesima, subintelligo si producto ordinariae per ordinariam comparetur, aut etiam cum ordinaria aliqua assumitur pro unitate.

Ad pag. 7 noto in conjunctione 4 specierum seu a, a, m, d, plurimum facere non tantum combinationem, sed et ordinem; a, d erit ex. gr. a + b, : c, sed d, a erit (a : b) + c.

Signo :: pro analogia in calculo vix utor, quia non est opus, res enim reducitur ad aequalitatem. Exempli gratia a . b :: c . d ego sic scribo a : b = c : d, id est $\frac{a}{b} = \frac{c}{d}$. Sic et punctis simplicibus ad rationem significandam non utor, et pro B . 1 :: A . A : B (pag. 6) scriberem ego B : 1 = A : (A : B). Contra puncto simplici uti soleo pro notanda multiplicatione nec signum $\times$ adhibeo, ut amphiboliam literae x evitem ; sic pro $\overline{y + x} \times \overline{v - z}$ scriberem $\overline{y + x} . \overline{v - z}$, si lineas superductas retinerem. His tamen commodius careo et tali designatione utor : y + x, v — z vel (y + x) (v — z); et ipsius zy : a differentia mihi erit zdy + ydz, : a, et pro a : $\overline{b + c}$ scribo a :, b + c vel a : (b + c).

Quoad rem ipsam observo cap. 2, non esse opus ut una ex differentiis v. g. dx habeatur pro constanti, ut si differentianda sit xdx : dy nec expressum quae sit constans, scribemus dy dx dx + dy x ddx — x dx ddy, : dy dy.

Ad cap. ult. §. 4 noto pro Quadratura parabolae non esse opus ut utamur theoremate, quale Barrovii, talia enim theoremata omnia ex calculo nostro deducuntur. Nam generaliter, quia $dx^e = e . x^{e-1} dx$, erit vicissim $x^e : e = \int x^{e-1} dx$, quia $\int$ et d, summae et differentiae, sibi sunt reciprocae. Posito ergo $x^{e-1} = y$, habetur $\int y dx$ seu quadratura figurae, cujus ordinata y; itaque si sit e — 1 = 2, fiet $y = x^2$ et e = 3, ergo $x^3 : 3 = \int xx dx$; si e — 1 esset $\frac{1}{2}$, foret $y = \sqrt{x}$ et e = 3 : 2 et fiet $2x^{3:2} : 3 = \int x^{1:2} dx$ seu $(2 : 3) x \sqrt{x} = \int \sqrt{x} dx$. Vides itaque Calculum Summatorium (quem quidam vocant integralem) nihil aliud quam differentialis reciprocum esse, nec alio indigere artificio, quam ut notemus quando procedat regressus.

Optime notas in fine, etiam rem moralem aestimationis mathematicae esse capacem. Hoc imprimis locum habet in gradibus probabilitatum. Regula de efficacia attractionis in ratione duplicata reciproca distantiarum mea est, quam mihi suggessit observata dudum aliis eadem regula circa illuminationes. Circa motus et vires multa id genus a me sunt detecta.

Quod ad Corollaria tua attinet, non ausim absolute dicere, syllogismum non esse medium inveniendi veritatem.

Nescio an velis ex Ethica proscribi doctrinam de felicitate vera.

Cartesii (vel Anselmi Archiepiscopi Cantuariensis) demonstratio existentiae Dei geometrice procedit, si unum supponas, nempe Deum esse possibilem, ut alicubi memini notare in Actis Lipsiensibus.

Venio ad tuum Specimen philosophiae practicae Mathematice conscriptae, ejusque caput primum.

Voluptatis definitionem nominalem dare non possumus, nec notior est suavitas quam voluptas; realem tamen definitionem voluptas recipit, et puto nihil aliud esse quam sensum perfectionis. Idem est in aliis ideis claris, sed confusis; ita coloris viridis datur definitio non nominalis quidem, sed tamen realis, causam continens, ut scilicet sit compositum ex caeruleo et flavo.

Beatitudinem non puto dari posse in creatura, quae sit omnimoda votorum fruitio, sed potius veram creatae mentis beatitudinem consistere in non impedito progressu ad bona majora. Nec satis est animo contento et tranquillo frui, id enim etiam stupidorum est.

Quod Deus omnia dirigat ad suam gloriam, idem est ac dirigere eum omnia ad summam rerum perfectionem, in eo enim vera gloria consistit, optime agere. Puniuntur non qui perfectionem rerum impediunt, id enim summatim impossibile est, sed per quos non stat, quominus impediatur. Hi ipsa poena sua conferunt ad rerum perfectionem.

In dominio definiendo explicandum esset, quid sit habere ut suum. Rem meam esse, et me dominum esse, aeque clara sunt.

Putem esse etiam sine superiore obligationem, uti aliqua esset etiam apud Atheos obligatio, cum scilicet alienum bonum pars est nostri. Tunc enim aliis nos obliget ipsa recta ratio seu prudentia, recteque Aristoteli virtus habitus agendi est, ut vir prudens definiverit. Et bonum mentis naturale, quoties voluntarium est, simul erit morale. Nolim igitur obligationem unice a metu poenae et spe praemii peti, cum sit aliquod non mercenarium recte faciendi studium sumtum ab ipsa nostra voluptate, quae inprimis in exercitio Justitiae locum habet. Nam si paucas animas consuetudine prava affectibusve corruptas aut turbatas eximas, res grata est prodesse. Quae etiam attigi nonnihil in Praefatione Codicis Juris Gentium Diplomatici, ubi Justitiam sumo ex caritate sapientis; sed ibidem tamen adjicio, supremum Rectorem complementum dare Justitiae, cui servire libertas voluptasque summa est.

Malo deducere ex definitionibus Axiomata, quam assumere. In Axiomate 3. nonnihil dubii est, saepe enim nos poenitet etiam recte factorum, sed cum recte nos egisse ignoramus aut etiam credere desinimus, mutata per affectus in deterius mente. Ax. 4. nolo queri interdum homines de se ipsis ac sibi indignari etiam, cum nullae imprudentiae sibi conscii sunt, sed tantum infelicitatis. Hoc ipsum enim displicet infelicem esse. Et Sulla ac Caesar magis sibi de sua felicitate quam sapientia gratulabantur. Interim fateor neminem debere indignari fortuitis, idque cum injuria in sapientissimum rerum autorem conjunctum, et vel si nullus fingeretur, ineptum esse.

In Axiomate quoque sexto est difficultas. Si perfectionem integram sumas et absolutam, fateor non posse totum esse perfectum, nisi quaevis pars sit perfecta. Secus est si respective accipias, ita enim totum erit perfectum, modo partes in eo perfectae sint, in quo ad totum concurrunt. Veluti societas lucri causa inita perfecta erit, si componatur ex hominibus ad amussim factis ad lucrum procurandum, etsi illi forte vitiis quibusdam corporis aut animi laborent, quae cum hac societate nihil habeant commune. Quodsi perfectionem accipias pro actu ad perfectionem promovendi, manifestum est, posse simul unius partis perfectionem augeri et alterius minui, ita ut totius perfectio augeatur in summa. Atque ita fit ut possimus laeti esse in doloribus, praevalente alio bono.

Perplacent illa Tua generalia problemata. Interim noto ad probl. 1. constitutionem alicujus finis ultimi non esse arbitrariam. Neque hoc Tibi obest, video enim problemate 7. a Te ostendi,. qualisnam sit constituendus. Et ad probl. 3, quod docet fine quaesito semper potiri, observo id ipsum, quod suades fieri ut quaesito potiamur, jam ante faciendum esse bona ex parte, ut constituamus an is sit quaerendus, nempe ut sciamus quousque sit in potestate.

Theoremata Tua valde probo, nisi quod in primo pro p o t - e s t ponerem d e b e t. Unum tamen addo: bonum nostrum, bonum publicum, et gloriam Dei, non esse distinguenda ut media et fines, sed ut partem et totum, idemque esse vera bona nostra quaerere, et publico Deoque servire; felicitatem cujusque finem ipsius ultimum non posse non esse; eam vero in ea voluptate consistere quam exercitium virtutis continet; virtutum autem maxima est pietas, quae summus est gradus justitiae universalis, in qua virtutes omnes continentur, quae melius ex praefatione illa mea intelliguntur.

Has notationes meas spero Tibi non ingratas fore, quod magis ad promovenda, quam emendanda cogitata Tua pertineant. Certe iniquus sim, nisi valde probem atque extollam egregia haec specimina non ingenii tantum, sed et animi tui, et valde gaudebo, si porro intelligam progredi Te in tramite laudabili, et dari mihi occasiones, in quibus commodare rebus tuis possim. Nec Tibi speciminibus praesertim mathematicis magis magisque clarescenti deerit hominum applausus aut virtutis praemia negabuntur. Video enim passim quaeri Matheseos professores, nec facile inveniri quales quaeruntur. Et nuper amicus, qui apud Studii Patavini Generalis Curatores, primarios ex Nobilitate Veneta Viros, autoritate pollet, a me petiit nominari aliquem qui cum in caeteris partibus Matheseos, tum in calculo novo nostro probatus haberetur. Nominavi Cl. Hermannum, qui cum prius dubitaret, tandem intellecto modeste se gerenti religionem non obstituram, accepit conditionem.

Quod superest, vale ac me ama, et si videtur subinde me quid agas doce, nosse enim velim, quam aliam ut loquantur facultatem studiis philosophiae matheseosque, ut fieri solet, conjunxeris.

Dabam Berolini 21 Febr. 1705.

III.

Wolf an Leibniz.

Quanto Per-illustris Excellentiae vestrae litterae gaudio me perfuderint, siue difficultate percipiet, qui iis perlectis intelliget, quam insigniter studia mea Mathematica et Philosophica per eruditissimas et utilissimas in geminam dissertationem meam commentationes promota fuerint, quamque certa spes non de iisdem solum, sed et omnibus salutis meae generibus reliquis in posterum promovendis mihi illuxerit. Tantis equidem beneficiis indignum me esse quam lubentissime fateor; indignus tamen cum sim, ut collatam semel clementiam clienti perpetuam esse jubeat Excellentia Vestra, summopere rogo. Obedientiae vero, quam debeo, specimen exhibiturus studiorum meorum rationem reddo. Quemadmodum igitur eruditio mihi semper visa fuit in Mentis perfectione consistere, atque hanc inprimis ab intellectus cultura pendere arbitratus sum; studium quoque Mathematicum, Analyseos inprimis, summa cum cura pertractandum esse duxi. Quamobrem cognitis rudimentis Matheseos in collegio, quo Dn. Hambergerus Jenae universam Mathesin explicat, ejusdem opera usus sum in perlegenda Sturmii Mathesi Enucleata et Tabularum Astronomicarum fundamentis percipiendis. Ast cum ea animum sciendi cupidum minus explerent, proprio Marte perspecta mihi reddidi Elementa Euclidis cum selectis Archimedis theorematibus Tacqueti opera excusis, conjunctis subinde demonstrationibus Clavii prolixioribus. Mox Bernhardi Lamy atque Johannis Prestet Elementa Matheseos perlegi, et hinc Cartesii Geometriam et ejus Commentatores consului. Addidi lectiones Elementorum Algebrae per Ozanamum conscriptae et operis tam brevioris, quam prolixioris Philippi de la Hire de Sectionibus Conicis, nec Abrahami de Graf Analysin neglexi. Cum itaque Analyseos finitorum praecipuas leges mihi familiares reddidissem, Marchionis Hospitalii Analysin de Infinite parvis, Nieuwentitii Analysin infinitorum et Barrowii Lectiones Geometricas cum Craigii Tractatu gemino de Quadraturis meditationibus meis subjeci. Inde Wallisii scripta evolvi: maximopere vero desideravi tum scripta Algebraica et Geometrica de Kinghuysen, tum Tractatum, quem de Calculo integrali edidit Carré, unde gaudeo, quod spes mihi facta sit certissima propediem haec nanciscendi. Optarem quoque ut mox in Bibliopoliis nostris compareret A Treatise of Fluxions by Charles Hayes, cujus operis lectio tamdiu mihi a Dn. Menckenio conceditur, donec commoda offeratur occasio, qua id Per-illustri Excellentiae Vestrae transmittere possit. Autorum illorum sensum probe percipio: sed calculi integralis leges nondum satis teneo, nescio enim cur non semper pateat a differentialibus regressus, nec criteria novi, unde certus esse possim, quando pateat. Cumque in Tractatu illo Anglico videam, totum negotium huc redire, ut fluxioni assignetur fluens, nondum capio, cur non quavis fluxione data (liceat enim jam uti Anglorum phrasi) possit assignari fluens ei competens, quemadmodum datae fluenti extemplo assignatur fluxio. Quodsi occasio detur, qua Per-illustris Excellentia Vestra dubium hoc citra suum incommodum animo meo eximere possit, novum hinc clementiae ipsius depraedicandae argumentum capiam. Vellem omnino speciminibus Mathematicis aliis innotescere, modo constaret, qualia sint eligenda, cum Lipsiae vix inveniantur, qui in Disputationibus Mathematicis Respondentium munere fungantur. Reliquas Matheseos partes quoque non negligo; indefesso studio scripta, quae possideo, Riccioli, Bullialdi, Kepleri, Hugenii, Newtoni, Wardi, Petavii, Casati, Sturmii, Zahnii, Goldmanni, Comitis de Pagan, Boeckleri, Scamozzi, Varenii, Pardies, Strauchii, Pitisci, Schotti etc. et inprimis Mundum Mathematicum Dechales evolvo. In Philosophia reliqua et quidem Rationali, Illustri de Tschirnhauseo, Lockio, Malebranchio, et Mariotto; in Naturali, Malpighio, Borello, Hugenio, Cartesio, Bergero, Honorato Fabry, Franc. Baylio, Rob. Boylio, Hartsoekero, Santvorto, Rohalto, Perraltio, Mariotti, Sturmio, Hamelio, Baglivio, Connore, Bernoullo, Willisio, Bumetio, Neh. Grew etc.; in Practica, Cumberlando, Grotio, Puffendorfio; in Metaphysica, Cartesio, Ludovico de la Forge, Malebranchio, Poiretio utor. Cum Mathesi et Philosophia studium conjunxi Theologicum: non tamen arridet Theologia scholastica tricis et rixis plena, sed magis juvat, quae ea forma comparet, qualem reperi apud Coccejum, Baxterum, Gürtlerum, Pearsorium, Heideggerum etc. Quoniam vero reipsa expertus mihi videor, judicii acumen per studium Matheseos purae, Analyseos inprimis, certo acquiri, atque aurea mihi polliceor secula, si eruditis omnibus verum adsit judicii acumen et studium summam et sui et reliquorum hominum perfectionem acquirendi, nil certe magis in votis habeo, quam ut mihi occasio suppeditetur, si non utrumque promovendi, saltem alios ad id promovendum incitandi. Unde licet non desit facultas insigni cum facilitate ac plebis etiam applausu aliquo (absit janctantia verbis) pro suggestu verba faciendi, mallem tamen, si Deo ita visum fuerit, ut eos docere contingeret, qui alios rursus docturi sunt. Studium scilicet Mathematicum ac Philosophiae sanioris ut in Germania nostra efflorescat, quam maxime opto. Certe quod mearum est partium, nihil praetermittam, quod ad bonum publicum promovendum proticuum judicaverim, modo sit in potestate mea positum. Malo parce ac duriter vivere, ut culturae Mentis publici boni gratia rectius vacaro queam, quam laute ac opipare vivere vel cum levi ejus detrimento. Nullae mihi suppetunt opes propriae; sed quam pro collegiis mercedem modice solvunt paucissimi Philomathae, ea victito, ea mihi libros comparo, quibus studia mea juvari posse intelligo. Dn. Magistrum Junium melior sors mansit, quam me, utut is soli calculo Astronomico omne tempus tribuat, nec studiosae juventuti ulla ratione prosit, immo Dn. Lic. Oleario Euclidem interpretari ac prima Analyseos rudimenta exponere veritus fuerit. Titulis tamen superbit, stipendiis alitur. Sed utitur Patronis, quibus ego hucusque destitutus fui. Unde cum Per-illustris Excellentia Vestra de patrocinio suo me certum esse jusserit, meliora quoque in posterum fata mihi polliceor. Ut vero aliquatenus saltem dignus videar, qui ab Excellentia Vestra commendetur, id inprimis enixe rogo, ut rationem studiorum, quam incundam posthac censet, mihi aperiat, nullus enim erit tantus labor, cui humeros meos subducam, modo viribus haud sit major. Caeterum Numen Ter Optimum maximum imploro, ut omni bonorum genere Per-illustrem Excellentiam Vestram constanter ornet, ita enim et spem de me ornando certissimam concipiam etc.

Dabam Lipsiae d. 4 April. 1705.

IV.

Wolf an Leibniz.

Duo fuere, quae mihi circa regressum a differentiali ad integralem scrupulum injecere, utut meditarer ea, quae ab Excellentia Vestra in litteris nuper ad me datis (quae me summa voluptate perfuderunt) hanc in rem eruditissime monita sunt. Legi nimirum in historia Academiae Regiae Scientiarum anni 1700 doctissimum Fontenellium asserere, calculum differentialem nullos habere limites, integralis si evaderet illimitatus, Geometriam ultimum perfectionis gradum assecuturam. Unde concludebam, dari fortassis casus aliquos, ubi de summatione Algebraica desperatur, cum tamen ea sit possibilis. Quamobrem ulterius facile mihi persuadebam, tale criterium, ex quo de summationis possibilitate certo judicari possit, utut aliis ignotum sit, Illustri tamen calculi summatorii Autori non fore ignotum. Nec vanam fuisse spem a me conceptam, litterae Excellentiae Vestrae me docuere. In opinione mea confirmabar, quia videbar mihi invenisse casus, in quibus summatio Algebraica videtur impossibilis, possibilem tamen esse methodi aliae adhibitae testantur. Ex. gr. si fuerit aequatio Curvae naturam exprimens $y^2 = x^4 + aaxx$, erit quadratura $\int dx \sqrt{x^4 + aaxx}$, cujus summatio Algebraica mihi videbatur impossibilis, cum tamen esse debeat juxta Craigium de Quadraturis p. 5. $x^2 + a^2, . \sqrt{x^2 + a^2}, : 3$. Sed libenter fateor, me commisisse errorem alias mihi tam exosum, atque a propria ignorantia ad rei impossibilitatem conclusisse. Quare valde gaudeo, quod ab errore hoc liberatus in ulteriori progressu non amplius impediar. Sperabam equidem eundem facilitatum iri per lectionem Tractatus Quadrati: sed ab ejus lectione jam destiti, cum nihil in eo deprehenderim, quod mihi nondum fuerit notum. Immo nec Carolus de Hayes mihi satisfacit, contuli enim ipsum cum Hospitalio, Craigio, Quadrato et Nieuwentiitio atque deprehendi, ipsum in unum saltem volumen congessisse, quae in istis continentur, immo saepius Autorum verba Anglica tantum reddidisse, ex. gr. Nieuwentiitii in doctrina de Tangentium methodo inversa, suppressis tamen semper Autorum nominibus. Aliqua reperi problemata in istis non extantia, sed dubio procul aliunde transcripta. Quare desiderium, quod inspectio libri fugitivo oculo facta, titulus atque praefatio excitaverant, fere extinctum. Vellem, ut specimina quaedam novarum inventionum communicare valerem: verum hactenus propter labores corporis sustentandi et librorum comparan-

dorum gratia suscipiendos vix tantum superfuit temporis, ut praeclara aliorum inventa mihi familiaria reddere potuerim. Utinam
tale nansciscerer munus ut studiis hisce unice vacare liceret! Multum diuque meditatus sum, num motus atque materiae conceptum
aliquem formare possem, ne demonstrationes physicas nude per-
ceptis superstruere cogerer: et aliqua quidem mihi reperisse videor,
sed nondum tamen ex asse satisfaciunt. Concipio equidem, corpus
aliquod, ut in eodem maneat loco, a lateribus oppositis aequaliter
urgeri debere, ut locum deserat, ab uno latere fortius, quam ab
altero urgendum esse, consequenter cum omne corpus constanter
aut sit in eodem loco aut locum mutet (seu ut vulgo loquimur,
vel quiescat vel moveatur) motum materiae esse essentialem, atque
in ea dari nisum quendam, quo se corpora mutuo urgent. Unde
porro conjicio, nisum hunc ingredi debere conceptum materiae.
Sed qua in re nisus iste consistat, definire non valeo. Praeterea
mihi occurrunt difficultates circa motus projectorum continuationem,
certe non solubiles, 'quam primum genesis istius nisus perspecta
non est. Ut vero Excellentiae Vestrae pateat, utrum in physicis
recto incedam tramite, necne, commoda hac occasione transmittere
placuit specimen aliquod Physico-Metaphysicum ante annum et
quod excurrit in Academia nostra publice propositum. Felix mihi
fuisse videor in excogitanda demonstratione de Veritate religionis
Christianae vel ipsis Scepticis persuadenda, quae in compendio huc
redit. Primo ex intima Mentis perceptione, qua seipsam percipit,
ejus existentiam stabilio modumque concludendi noto, ut simili
evidentia conclusiones reliquae omnes inferantur. Hinc ex quibusdam praesuppositis de Mente, quorum ipsamet sibi conscia existit,
Dei existentiam seu Entis alicujus, quod propria virtute existit,
demonstro. Ex conceptu Entis propria virtute existentis perfectiones et operationes divinas nec non generalia de creaturis theoremata deduco, atque inter alia evinco, quod non solum Deus omnes
suas actiones ad summam sui ipsius perfectionem intra se et summam creaturae cujuslibet in suo genere perfectionem extra se di-

rigat, sed quoque velit, ut ad eundem scopum actiones suas dirigat
homo. Hinc principiis experientiae in subsidium vocatis ostendo,
hominem potius tendere ad gloriae divinae obscurationem et sui
ac creaturarum reliquarum destructionem, atque hujus mali originem
monstro, ut miseria humana manifesta evadat. Hac cognita evinco,
medium liberationis, si quod detur, nobis non posse innotescere
nisi per immediatam revelationem divinam. Quare ulterius haec
esse medii illius criteria confirmo, ut scilicet sit miseriae tollendae
sufficiens, h. e. ignorantiae ac impotentiae humanae medeatur poe-
naeque reatum tollat: sit praeterea perfectione Numinis summa
dignum, h. e. Sapientiae, Potentiae, Justitiae, Bonitatis etc. studii-
que divini gloriam suam illustrandi certissimum praebeat argumentum. Addo, quod revelatio illud medium continens iis, quae
de summa Dei perfectione et ipsius ad creaturas relationibus ex
principiis rationis demonstrantur, contradicere non debeat, quod
vero gloriae divinae illustrationem et actionum hominis directionem
ad summam sui ipsius et creaturarum reliquarum perfectionem urgere debeat. Tandem clare admodum doceo, quod talis revelatio
sit, quam Prophetis et Apostolis factam esse praedicant Judaei ac
Christiani, quodque medium liberationis in ea propositum habeat
criteria requisita. Tantum vero abest, ut in demonstratione hac
prolixiori, quae epistolae terminis non coarctari potest, ex ipsis
Theologorum principiis imperiose philosopher, ut potius concate-
nato nexu ex talibus principiis conclusiones meas deducam, quae
ab ipsis Scepticis pertinacissimis Mundum hunc visibilem pro meris
apparentiis habentibus lubentissime concedentur. Utut enim Dn.
Malebranche in Dialogis Metaphysicis p. m. 196 sibi demonstrasse
videtur, quod corporum existentia argumento quodam Metaphysico
demonstrari nequeat, quia inter eam et perfectiones divinas nullus
detur necessarius nexus; ego tamen contrarium demonstro, atque
inter corporum existentiam et perfectiones divinas nexum ostendo,
hoc saltem experientiae principio supposito, quod habeamus rerum
corporearum perceptiones. Multum in expoliendo hoc argumento

me adjuvisse Excellentiae Vestrae ad Philosophiam meam Practicam communicatas correctiones, ingenue confiteor. Nec is solus est, quem inde reportavi fructus. Video enim mihi accensam esse facem, quae doctrinas morales per hoc aestivum tempus in gratiam juvenum quorundam generosioris animi paulo altius repetituro insigniter praelucebit. Verum venia precanda est patientia Excellentiae Vestrae abutenti: atque patrocinium, quo mihi frui datum est, denuo humillime exorandum etc.

Dabam Lipsiae d. 13 Maji·1705.

V.

Wolf an Leibniz.

Equidem jam alias de otii penuria conquestus sum, et tanto majori jure conqueri poteram, quod praeter 7 per diem horas collegiis impendendas aliquam quoque diei partem in perdiscenda lingua Anglicana hucusque consumserim. Hoc tamen non obstante de specimine nuper meditari placuit, quo Per-Illustri Excellentiae Vestrae ostenderem, quales in calculo differentiali hactenus fecerim progressus. Cumque meditanti occurrerit aliquod, ejus perscribendi veniam mihi datum iri arbitratus sum. Excogitavi scilicet novum quoddam Curvarum genus (an enim quisquam idem consideraverit, mihi non constat) investigavique methodum ope calculi differentialis determinandi earum Tangentes, quadrandi spatia inter ipsas et circulum genitorem, qui in earum genesi elementi fixi vicem subit, contenta, eas denique rectificandi, et tum praedictorum spatiorum ad aream, tum Curvae ad peripheriam circuli genitoris rationem definiendi. Concipio scilicet ex centro circuli genitoris C (fig. 1) eductos radios CN, CP, CA etc. ita prolongari in F, B, D etc., ut relatio arcuum AK, AP etc. ad partes radiorum continuatas KF, PB etc. exprimatur per aequationem, quae natura Curvae cujusdam alterius ex. gr. Parabolae definit; evidens enim est novam hac ratione describi Curvam AFBD, cujus Tangentem GF ita determino:

Intelligatur GK ad KF normalis, itemque CN ipsi CF infinite propinqua et ex N demittatur perpendicularis NL. Jam cum elementa Curvarum sint lineolae rectae infinite parvae, portionem FN assumo pro arcu radio CF descripto. Quare erit $CK:MK=CF:FN$, h. e. si sit $CK=b$, $KF=y$, $AK=x$, adeoque $MK=dx$ et $LF=dy$, $b:dx=y+b:\dfrac{ydx+bdx}{b}$. Est vero porro propter similitudinem $\triangle$ FNL et FGK, $LF:FN=KF:FG$, h. e. $dy:\dfrac{ydx+bdx}{b}$ $=y:\dfrac{yydx+ybdx}{bdy}$, ut adeo sit $dy:dx=\dfrac{yy+by}{b}:GF$.

Quodsi jam aequationis Curvae naturam definientis differentialis resolvatur in analogiam, cujus duo termini primi sint dy et dx, termini posteriores in analogia praecedenti substituti determinari faciunt Tangentem FG, ex. gr. aequatio pro Parabola communi suppeditat $dy:dx=a:2y$, adeoque producit Tangentem $FG=2y^3$ $+2byy,:ab=$ (substituto valore yy) $2xy:b+2x$. Ita aequatio pro omnibus Curvis Algebraicis $Kx^m+cy^n+fx^py^q+r=0$ dat FG $=-ncby^{a+1}-nbcy^a-qfx^py^{q+1}-qbfx^py^q,:bmkx^{m-1}+bpfy^qx^{p-1}$.

Quadrantur spatia arcubus circularibus AK et Curva AF comprehensa, quaerendo differentialem areae FKMN inventamque integrando. Resolvo igitur eam per rectam FN in duo Triangula, quorum dantur bases $EF=ydx+bdx,:b$ et $MK=dx$, nec non communis altitudo $KF=y$. Unde habetur 'differentialis areae $yydx+ybdx,:2b+\frac{1}{2}ydx$. Jam si sit aequatio pro Parabola, erit $dx=2ydy:a$, unde substituto valore hoc dx in differentiali areae ante inventa, prodit ea $y^3dy:ab+2yydy:a$, cujus integralis $y^4:4ab+2y^3:3a=$ (ob $yy=ax$) $ax:4b+\frac{2}{3}y$, . x adeoque area circuli ad aream modo inventam $\frac{1}{2}bx:\dfrac{axx}{4b}+\dfrac{2xy}{3}$, h. e. $6bb:3y$ $+4b$, . y, substituendo nimirum valorem ipsius ax.

Rectificatio Curvae facilima: Cum enim $EF = ydx + bdx, : b$, ex aequatione speciali substituo valorem ipsius dx et quod prodit, integro. Ex. gr. si aequatio pro Parabola, erit $dx = 2ydy : a$, adeoque elementum Curvae $2yydy + 2bydy : ab$, cujus integralis $2y^3 : 3ab + yy : a =$ (substituto valore yy) $2xy : 3b + x$. Quare Curva ad Peripheriam circuli $2xy : 3b + x$ ad x, seu $2xy + 3bx$ ad $3bx$, vel $2y + 3b$ ad $3b$. Nescio num hoc problema Actis nostris insertum possit facere quicquam ad mei commendationem. Utinam suppeteret otium, alia daturus essem his meliora et utiliora! Mox in natione Silesiaca vacabit Collegiatura, quam vocant: si eadem mihi conferretur, tot per diem collegia habenda non forent. Illi quidem ex Professoribus, penes quos non stat hoc beneficium in me conferre, varia mihi suppeditarunt consilia, quibus me juvarent in illa obtinenda, atque inter alia nonnulli proficuum mihi fore arbitrati sunt, si ambirem titulum Socii Academiae Regiae Scientiarum Berolinensis ab Excellentia Vestra Per-Illustri conferendum; sed memor tenuitatis meae ac otii deficientis tantum arrogantiae mihi non sumo. Spes mihi facta est ante aliquot hebdomadas Professionis Mathematum in Academia Gissensi obtinendae a Magnif. Dn. Rechenbergio: an speratam sim obtenturus, dies docebit. Quamvis vero non multum mihi supersit otii ad nova invenienda, in posterum tamen daturus sum operam, ut unum alterumque ingenii mei subinde specimen prodam. Interea summo Excellentiae vestrae favori me ea, qua fieri par est animi submissione commendo etc.

VI.

Leibniz an Wolf.

Gratias pro Tuis Dissertationibus ago de Rotis Dentatis et de Loquela. Utrobique video, si otium Tibi esset, praestari a Te non vulgaria posse. Interim quaedam pro jure quod concedis moneo. In Diss. de Rotis Dendatis statim initio hoc Axioma assumis: In corporibus homogeneis centrum gravitatis idem esse cum centro magnitudinis; sed addi debet limitatio: si scilicet quantitas centrum magnitudinis habeat. Sciendum enim est (quod sane mirabile est paradoxum) omne quidem corpus, omnem superficiem, omnem lineam habere centrum gravitatis, sed non semper centrum magnitudinis. Exempli gratia in semicirculo et hemisphaerio centrum magnitudinis inveniri non potest. Est autem centrum magnitudinis punctum, per quod quaevis recta vel planum quodvis secant corpus, superficiem vel lineam in partes aequales; sed centrum gravitatis est, per quod secant in momenta aequalia. Quae de potentiis habes, pro parte ad eas tantum pertinent, quas mortuas seu Embryonatas si mavis voco. Agis de rotis dentatis in genere, figuras tamen solis illis applicas quas stellatas vocant, stern-räder; de illis vero non agis, quas coronarias nostri artifices appellant. Non etiam agis de rotis, quarum dentes sunt interrupti, quales illae sunt, quarum ope efficitur, ut motore licet eunte prorsum et retrorsum per modum penduli, rota tamen movenda circumeat semper in eandem partem. Multa sunt in hac materia subtilia et utilia, et optandum sane foret totam rem Automatorum Herodicticorum a viro docto et perito bene explicari. Non memini videre Gobertum Gallum, cujus librum de Viribus motricibus in praefatione citas. Ample tractaturo de Rotis Dentatis non omittenda esset optima dentium figura. Invenit autem Olaus Römerus eam esse Epicycloidalem, quod in Mechanicam suam, suppresso licet inventoris nomine, inseruit la Hirius. Atque in praxi quidem non est opus hac figura, si dentes sint breves; sed si paulo sint longiores, omnino talis figura adhibenda foret. Rotis dentatis etiam adjungendae erant rectae dentatae, hae enim saepe rotas ducunt, aut ab iis ducuntur. Helix etiam cylindrica cylindrum dentatum facit.

Quod attinet dissertationem de Loquela, Respondens in praefatione defendit sententiam Malebranchii et aliorum quorundam Cartesianorum recentiorum de Causis occasionalibus; sed a me allata est alia Hypothesis, quam in Diariis Gallice Parisiis et in Batavis editis exposui, et de qua collationem inter Dn. Baylium et me in Diario Batavo et in ipsius Baylii Dictionario v. Rorarius videbis. In Tuae dissertationis initio repetis Regulam Cartesii, quorum conscii sumus ad mentem, caeterea ad corpus pertinere; sed hanc regulam quoad posterius alicubi refutavi. Sentio in confusis nostris cogitationibus multa inesse quorum conscii non sumus, quoniam confusa cogitatio consistit ex innumeris perceptionibus exiguis, quas ob multitudinem distinguere non licet, etsi earum resultatum agnoscamus. Maximi momenti hanc observationem esse alibi ostendi. Ad ea quae de genuino mentis conceptu habes, non pauca essent addenda ex principiis a me detectis, per quae haec omnia in clarissima, ni fallor, luce collocantur. Quod ad Actionem Spirituum in se invicem attinet, mea sententia est, nullum spiritum creatum esse, qui sit unquam a corpore penitus separatus, quae etiam Veterum Ecclesiae Doctorum sententia fuit, itaque majorem esse difficultatem de Angelorum, quam de hominum loquela.

In commercio inter corpus et animam explicando non magis ad solum Numen confugiendum est, quam in commercio corporum inter se per mechanicas operationes. Utrobique enim motus distincte explicari potest, alioqui ad miraculum recurretur. Video ex iis quae habes ibi, Hypothesin meam vel Systema Harmoniae praestabilitae vobis nondum innotuisse. Loquendi per visum modos supponere ais loquelam per verba. Ita sane res se habet in plerisque; secus tamen in characteribus Sinensium, ubi modi sensu

mentis significandi ad vocabula omnino non referuntur, ut nonnulla
etiam Chymicorum et Astrologorum signa, sed quibus Sinensia
longe praestant varietate et ingeniositate. Clavem eorum adhuc
desideramus, promiserat Andreas Mulerus. Verum et vortices aëris
sonum causantes non esse similes illis circulis, quos lapillus aquae
injectus parit. Meam rei explicationem attigit nonnihil ex literis
meis Dn. Schelhammerus in libro suo de Auditu modo et or-
ganis, etsi non satis videatur ingressum in ea habuisse, a quibus
quae dicis non videntur abhorrere, etsi a me forte paulo distinctius
explicentur. Circa ea quae habes §. 30 sqq. multa magni momenti
notanda essent. Caeterum de modo surdos loquelam docendi, vidi
librum Hispani, qui primus eo de argumento scripsit non male.
Ad §. 34 noto, possibile esse Geometriam sine figuris tradere, sed
res facilior est per figuras ad captum vulgi. Interim si haberetur
Analysis illa situs, cujus per modum calculi specimina excogitavi,
qua non magnitudinis (ut in recepta hactenus Analysi) sed situs
Elementa continerentur et figurae sine figuris repraesentarentur,
promoveri posset Geometria et Mechanica longe ultra praesentem
suae perfectionis statum. Circa Grammaticam rationalem, de qua
agis §. 35, monita habeo majoris longe momenti et utilitatis, quam
quae autor de la Grammaire raisonée aut Dn. Lamy attulere.
Eleganter notas §. 36, quomodo cogitationes nobis ex corde procedere videantur. In §. 37 argumentum, Dn. Lamy non satis probat
machinae loquentis impossibilitatem, et habita sunt quaedam......
specimina. Non est opus canalibus pro combinationibus sonorum,
sed potius partibus mobilibus, ut in ore nostro.

Nunc ad literas Tuas venio, et primum quidem ad priores
de 13 Maji. Calculus summatorius non potest eo modo reddi
universalis, quo calculus differentialis, prorsus quemadmodum omnis
quidem lateris rationalis exhiberi potest quadratum rationale, sed
non vicissim omnis quadrati rationalis latus rationale. Igitur ad
succedanea interdum recurrendum est. Interim nondum satis ex-
plicatum est, quando detur regressus, praesertim cum proponuntur

aequationes differentiales affectae regrediendumque est ab iis ad
carentes differentialibus vel saltem ad differentiales puras, prorsus
ut in communi Algebra nondum habetur modus ab affectis aequationibus transeundi ad puras seu ex omnibus aequationibus eliciendi
radices irrationales. Habetur quidem res in gradu 2do, 3tio et
4to, sed nondum in 5to et altioribus, quanquam ego aditum quendam aperuerim ibi quoque, sed nondum extantem in iis quae pu-
blicavi, multa enim supprimo, quia digerere non vacat.

De materia multa recte, multa non recte vulgo habentur.
Ex sola vulgari notione corporis, sive pro re extensa sive pro re
impenetrabili habeas, non potest reddi ratio legum naturae circa
motum, ut adeo completa substantiae corporeae notio rem dyna-
micam involvere debeat.

Quantum ex iis, quae de Tuo quodam specimine demon-
strandae religionis in Epistola affers, judico: non male procedis
circa Ens propria virtute existens, seu (quod idem est) cujus Essentia
involvit existentiam, recteque colligis omnia ad Dei gloriam seu ad
divinae perfectionis manifestationem esse referenda. Quod corpora
attinet, de quorum cum divinis perfectionibus nexu Malebranchius
dubitat, ego Tecum contra sentio, usque adeo ut credam nullum
dari spiritum creatum a materia separatum. Interim puto, Massam
materialem proprie loquendo non esse substantiam, sed aggregatum,
complementumque materiae accedere ab animabus.

Superest posterior Tua Epistola, quam nuper accepi, sed
cui dies quo data, non est ascriptus. Video et ex ea non difficile
Tibi fore, si vacet, nova detegere in Geometria, et Analysi infinitesimali bene uti. Et licet, quantum judico in eo quod affers specimine, alii Te praevenerint, non ideo minus acumen Tuum agnoscendum laudandumque est. Nimirum lineae, de quibus agis, revera
sunt quales spirales, quarum simplicissimam proposuit Archimedes,
cujus imitatione complures et inter alios Stephanus de Angelis tales
quoque tractavere. Concipitur nimirum compositio duorum motuum
inter se certam relationem habentium, radii alicujus circa centrum

et puncti alicujus interim in radio procedentis; simplicissimus casus est spiralis Archimedeae, ubi uterque motus est aequabilis, unde fit, ut progressus puncti in radio sit motui angulari radii circa centrum proportionalis. Possumus deinde concipere, puncti in radio progressus esse in ratione duplicata vel subduplicata gyrationis ipsius radii vel puncti in radio fixi. Sed et aliae pro arbitrio relationes possunt fingi. Verum hae lineae regulariter transcendentes sunt, quia unius motus ab altero dependentia non potest obtineri organice, nisi per extensionem curvi in rectum.

Spero desiderio Tuo Collegiaturae satisfactum iri, et velim profecto eximi Te a necessitate illa, quam oeconomicae rei ratio imponit, collegiis habendis omne pene tempus terendi, quod in altioribus Te bene collocare posse video. Non est quod dubites de promotione ad munus, in quo melius Tibi ipse vacare possis, obtinenda sive Giessae sive alibi; video enim non abundare nos Tui similibus, et passim desiderari qui Mathesin cum applausu docere possint.

De loco in Societate Regia non possum commode agere, antequam Berolinum redeam. Interea vale etc.

Dabam Hanoverae 20 Augusti 1705.

Cum sis Silesius, Lipsiensisque Academia per nationes quatuor aequali propemodum jure utentes distinguatur soleantque non multi adesse vestrates, non contemnendam habes prae multis aliis praerogativam. Credo Dn. Lic. Cyprianum, conterraneum Tuum, amicum meum veterem, etiam Tibi amicum fore et auxiliatorem. Rogo eum data occasione a me salutes, testerisque gavisurum me non mediocriter, si intelligam optime eum adhuc valere. Audio aliquando dissertationem scripsisse de Sensu brutorum, quam videre nondum potui.

VII.

Wolf an Leibniz.

Cum intellectus perfectione nihil unquam antiquius duxerim, cognitionis veritatis in voluntatem influxum optimum esse ad prudentem actionum directionem medium certissime persuasus, adeoque proficiendi occasione haud quaquam gratius quid mihi offerri possit; quantam mihi voluptatem attulerint litterae I. E. V. profundiori eruditione plenissimae, quibus verbis exprimam non reperio. Enimvero quo appareat, num semina foecunda agro non prorsus infoecundo fuerint commissa, qualemque seges inde enata messem polliceatur; pace I. E. V. quasdam meditationes occasione primarum litterarum habitas summatim perscribam, alia quaedam ingenii specimina insimul indicaturus. Et primo quidem cognovi, bonum publicum, privatum et gloriam Dei perperam in Philosophia mea Practica Universali distingui ut finem et media. Nam cum legem naturae fundamentalem ex Numinis et creaturae rationalis natura directe deducere conarer, hanc reperi, creaturam rationalem actiones suas ad summam sui ipsius perfectionem dirigere debere, eamque ex mera Numinis bonitate fluere notavi. Dicam igitur, quemnam mihi formaverim bonitatis divinae, quemnam perfectionis creaturarum conceptum. Demonstrata existentia necessaria Entis a se, non quidem immediate, sed mediate deducebam, Deum per creaturarum productionem et conservationem perfectionum suarum, consequenter et Sapientiae, intendere demonstrationem. Ex Sapientiae igitur notione, quam Enti a se competere jam demonstraveram, ulterius inferebam, quod is singulis creaturarum speciebus suos praefigere debeat fines, hosque fines inter se ita ordinare, ut ad earundem conservationem tendant: immo fines unius finibus reliquarum subordinare, ut singulae universi partes conspirent ad conservationem totius. Quo igitur creaturae ad fines ipsis perscriptos via brevissima et certissima pertingant, tales ipsis largitum fuisse essentias,

quales ad illos consequendos requiruntur. Et talem habere essentiam juxta me est summam in suo genere possidere perfectionem.
Deum vero, quatenus hanc summam perfectionem creaturae cuilibet
tribuit, bonum dico. Cum adeo is summam creaturae cujuslibet
intendat perfectionem, ut creatura libera ad summam sui ipsius
perfectionem actiones suas dirigat, non potest non velle. Jam quoniam perfectio creaturae in harmonia proprietatum essentialium cum
finibus a Sapientia divina ipsi constitutis consistit, demonstrari
autem potest, inter eos quoque recenseri debere, ubi sermo de
creatura rationali, perfectionum divinarum agnitionem et aestimium,
bonique publici promotionem: clare hinc mihi constabat, eo ipso,
dum creatura intelligens ac volens actiones suas ad summam sui
ipsius perfectionem dirigit, acquirere quoque eam illustrandi gloriam
divinam et promovendi bonum publicum promptitudinem, consequenter hanc esse perfectionis nostrae partem. Et quia beatitudo
non impeditum ad majorem indies perfectionem progressum dicit
in mente creata, obsequium legi naturae praestitum verum esse
beatitudinis mentis creatae medium cognovi. Cumque porro sensus
perfectionis voluptatem excitet, beatitudinem constantem causari
intellexi voluptatem. Ex his meditationibus non solum per omnem
Philosophiam Moralem, sed et Politicam generales admodum deduxi conclusiones, quae ad infinitos fere casus cum fructu applicari
posse et plurimis, quae ab aliis pro intricatis habentur, sine mora
enodandis sufficere mihi videntur. Praeterea hujus theoriae insignem prorsus notavi in Physicis usum. Fluit enim hinc methodus
aestimandi perfectionem rerum naturalium, itemque Sapientiam Numinis. Scilicet per experientiam investigandi sunt usus rerum naturalium ex collatione plurium effectuum circa eas observatorum.
Cum enim nihil a creatura proficisci queat, quod a Deo non fuerit
intentum, usus quoque rerum a Deo intentus recte mihi dici videtur, consequenter is ubi fuerit detectus, statim quoque prodere
debet finem. Hinc examino fabricam corporum sive per Anatomiam,
sive per observationes microscopicas, siquidem ea oculis vel nu-

dia vel armatis subjici potest; aut ex collatione plurium effectuum eandem concludo. Tandem fabricam cum fine confero, atque istius cum hoc harmoniam intueor. Immo eadem ratione partium quoque finem inquiro, et earundem perfectionem aestimo. Mox fines partium inter se et cum fine totius compositi compono, ut finium quoque harmoniam intueri liceat. Dici vero haud quaquam potest, quantum placeat talium harmoniarum observatio. Quodsi itaque pulchra dicenda sunt, quae per naturam placent, corporum naturalium positivam pulchritudinem in complexu praedictarum harmoniarum consistere, inter partium scilicet structuram ac earundem fines, inter fines partium ac finis totius, itemque inter structuram totius compositi et finem ejus totalem, facile asseruerim. Plus tamen mihi involvere videtur pulchritudinis corporum naturalium notio, optimam nempe partium singularum tum inter se tum ad totum propositum proportionem, optimumque illarum situm juxta leges Staticas atque Mechanicas determinandum. Praecipua haec meo, si quid valet, judicio Physicorum esse debebat opera: ast mihi nondum occurrit, qui ad haec respexerit. Dum vero haec meditabar, fieri non poterat, quin mirarer Anglos nonnullos Antesignanum suum secutos, qui in haereses Physicas debacchantes Physicam officio suo satisfecisse arbitrantur, ubi conjunctis cum principiis experientiae principiis Mathematicis vires corporum naturalium accurate determinaverit. Mihi consultissimum videtur, utramque in Physicis philosophandi methodum conjungere, h. e. explorandam censeo rerum naturam, talem concipiendo, ut effectus observati ab ea proficisci posse concipiantur; sed hanc ipsam explorationem praecedere debere accuratam virium aestimationem. Unde saepe doleo, quod Matheseos in experimentando tam raro habeatur ratio. Sentio enim ob hunc defectum plurima experimenta ad conclusiones accuratas satisque certas eliciendas non conducere. Quamobrem jam dudum animum induxi meum, si Deus otium ac facultatem concesserit, de manifestiori Matheseos, divinae inprimis Analyseos, ad objecta physica applicatione, quam hucusque factum, cogitare.

Sed ad eas accedo litteras, quas nuperrime per Dn. Menckenium accepi. Fateor dissertationem meam de Rotis dentatis admodum esse imperfectam, et ruborem mihi fuisse incussum, quoties
transmissae recordabar. Quae vero I. E. V. de Spirituum in se
mutuo actionibus disserit, non satis capio. Utut enim supponam
Spiritus corporibus junctos, nondum tamen perspicio, quomodo
unusquisque cum suo corpore commercium exerceat, si ejus modus distincte explicari debet, nec ad Nutum Numinis confugiendum.
Systema Harmoniae praestabilitae mihi nondum innotuit. Utut
Acta nostra, Diarium Gallicum et Novellas Reip. litterariae cum
cura evolverim, illud tamen reperire non potui. Vehementissime
autem scire desidero, ubinam extet. Caeterum mihi quoque nonnulla ad Grammaticam Rationalem spectantia innotuere, principiis
de Mente humana Metaphysicis superstructa, quae majoris momenti
judico, quam quae Autor Grammaticae Rationalis et Lamy attulere.
Et sane dubius sum, utrum Analysin Vocum Philosophicam, cujus
fundamenta jam quaedam posui, quibus multa superstruere potero,
ubi otium fuero nactus, ad eandem referre debeam, an ab eadem
distinguere. Minimum non erravero, si eam ex ista fluere asseram.
Intelligo vero per Analysin vocum Philosophicam methodum investigandi notiones, quas unusquisque cum vocibus in contextu alicujus orationis jungit: quae si perficeretur, insignem habitura usum
videbatur in interpretandis aliorum scriptis dictisve, ac inprimis in
tollendis omnis generis controversiis omne ferret punctum. Cum
hujus Analyseos, uti monui, jam quaedam a me jacta sint fundamenta, specimen quoddam ejus apponere decreveram, sed scribendi
prolixitas a proposito desistere jubet. Meditor quoque notionum
quandam Analysin, immo et Analysin conclusionum: certum enim
est, nec notiones, nec conclusiones omnes cognosci per simplicem
intuitum, sed eas plerumque ingredi alias simpliciores, quae denuo
componuntur ex aliis adhuc simplicioribus. Utilis ergo foret methodus determinandi notionum primitivarum irresolubilitatem et
compositarum resolutionem sufficienter persequendi, doneo scilicet

ad primitivas deveniatur. Idem judicium esto de propositionibus.
Meditor denique possibilitatis Analysin, rerum nempe possibilium
in prima possibilia, perfectiones divinas. 'Quoniam enim omnium
creaturarum actiones ab earundem essentiis, essentias vero a decreto
divino, decretum divinum ab ipsius perfectionibus pendere demonstrari potest, radix omnis possibilitatis erunt perfectiones Entis
quam maxime possibilis. Poterat quidem Analysis possibilitatis pro
parte Analyseos conclusionum haberi, sed eam ideo ab hac distinguo,
quia ad obtinendam omnimodam alicujus conclusionis certitudinem haud
quaquam opus est, ut in ipsas perfectiones divinas resolvatur, potius sufficit, ut resolutio fiat in tales propositiones, quarum possi-
bilitas cognita notionum, quae ipsas ingrediuntur, possibilitate per
intuitum placet. Pauculas illas quae a laboribus ordinariis vacant,
horas meditationibus de Arte inveniendi et dijudicandi veritatem
lubentissime tribuo, cum pro comperto habeam, frustra in aliis
scientiis me operam collocaturum, nisi prius illa satis mihi fuerit
exculta. Nec steriles fuisse meditationes meas huc usque deprehendi. Varia enim notavi, ad quae quia non satis attendunt Viri
alias magni (cum quibus ut me comparem nunquam mihi sumam)
vel quia ipsis non vacavit, vel quia non libuit ad tam levia attendere, in varios incidunt errores, aut meditata sua non concinno
satis ordine proponuntur, aut non sufficienter exponunt. Per sequentem hiemem meditatiunculas meas admodum interruptas in
ordinem quendam redigere constitui, ubi mihi veniam exorabo unum
alterumque censurae I. E. V. subjiciendi. Magni fit Cartesiana ingenii
directio in Opusculis posthumis extans; sed minime mihi satisfacit
multa in eadem desideranti. Notarunt jam alii, regulas suas de
methodo ex Arithmetica transcripsisse Cartesium. Enimvero methodum multo specialiorem pro resolvendis problematibus omnis
generis scientiarum ex Arithmetica deduxi, majoris longe usus,
quam nimis generalis illa Cartesii, quaedam etiam singularia con-
tinentem. Destinaveram eandem specimini alicui Academico, sed
majori dein pretio dignam judicavi, quam quo talia specimina haberi

solent, aequos rerum judices rarissime invenientia. Dubitabam litteras I. E. V. perlegens, me in dissertatione de Loquela scripsisse,
Geometriam non posse doceri sine figuris; familiarissimum enim
mihi jam saepe fuit exercitium, quando noctes obligere insomnes,
Geometriam meditari sine figuris et ex ipsis figurarum notionibus
deducere conari, quae alias ex figurarum intuitu assumuntur; verum
dissertationem praedictam evolvens didici, me per praecipitantiam
posuisse, in quorum veritatem nondum inquisiveram.   Incidi vero
in tales meditationes, dum expendi scientiam perfectam ab operationibus imaginationis prorsus sejungendam esse.   Unde inferebam, multos Mathesi studentes perfectam rerum Mathematicarum
non acquirere scientiam, quia multa ex figurarum intuitu trans-
sumunt.   Atque hinc rationem nunc reddo, cur multi in Mathesi
multum versati nimium adhuc tribuant imaginationi, dum in scientiis aliis occupantur, et producta per operationes intellectus puri a
productis per imaginationem non eadem semper felicitate destin-
guant.   Utile igitur exercitium meditandi Geometrica sine figuris
repeto, cum sit medium certissimum mentem in distinguendis operationibus intellectus puri ab operationibus imaginationis perficiendi,
ipsiusque capacitatem amplificandi.   Quin ad eundem finem conducere arbitror per ratiocinationes exprimere, quae in calculo Ana-
lytico per characteres expressa eruuntur. Nescio utrum huic scopo
convenientior sit Analysis Geometrica seu nova et vera methodus
resolvendi tam problemata Geometrica, quam Arithmeticas quaestiones, Autore D. Antonio Hugone de Omerique Sanlucarense,
necne.   Videre eam nondum potui, sed in Transactionibus Anglicanis legi, Autorem usitatam Analysin ideo carpere, quod ratiocinationes intellectus in eliciendis conclusionibus non satis fideliter
exprimat.   Linearum spiralium, quarum simplicissimam jam olim
dedit Archimedes, genesin non ignoro, sed nondum perspicio,
quomodo ea istis applicari possit, in quibus nuper specimen aliquod calculi differentialis exhibui; siquidem istam genesin nonnisi
eo in casu concipere valeo, ubi partes a radio circuli abscissae,

non autem ejus ultra circulum continuationes arcubus circularibus in ea ratione existunt, in qua abscissae sunt ad ordinatas alterius cujusdam Curvae. Incidit his nundinis in manus meas libellus 3 saltem plagulis constans, cui titulus: Memoires sur l'inverse generale des Tangentes proposez à l'Academie Royale des Sciences par M. Rolle de la même Academie. A Paris 1704 in 4. In eodem Autor sequentia solvit problemata, nempe I. Invenire limites aequationis generatricis (vocat autem generatricem integralem differentiali propositae respondentem) tum dimensionum, tum terminorum; 2. data formula cum dimensionibus incoguitarum aequationis generatricis, invenire hanc aequationem; 3. data formula quacunque invenire aequationem generatricem, aut ostendere, quod sit impossibile. Charactere utitur insueto, nempe pro dx ponit v et z pro dy.

Quod mearum rerum statum concernit, nondum certus sum, utrum Professionem Mathematicam sim obtenturus, necne. Spem tamen lactat Dn. D. Rechenbergius. Dissuadet quidem Dn. Menckenius, sed studiis meis consultum iri, modo illam obtinere possem, video. Certe Lipsiae spes nulla mihi superest, tum quia Patronis in aula destituor, tum quia M. Junius per mandatum Regis constitutus est Substitutus Professoris Mathematum, ipsique praeterea facta sit spes Professionis Physicae, utut huic excolendae se nunquam dederit, nec praeter Calendarii et Ephemeridum aliquot annorum conscriptionem ullum ediderit specimen. Fert quoque titulum Mathematici et Calendariographi Regii salario 500 thalerorum conjunctum. Mihi ne quidem spes Collegiaturae post spatium annuum vacaturae obtinendae relinquitur. Dn. Cyprianus mihi favet, qui sua studia I. E. V. commendat; sed non est in Collegio Mariano, cum sit saltem Polonus, non vero Silesius. Deo igitur et patrocinio I. E. V. res meas commendabo, sic quoque suo tempore fore persuasus, ut commoda Deo et publico deserviendi, meque ipsum magis perficiendi occasio non desit etc.

Lipsiae d. 15 Octobr. 1705.

VIII.

Leibniz an Wolf.

In novissimis Tuis pulchre omnia ad mentem meam, circa potissima certe. Nisi beatitudo in progressu consisteret, stuperent beati. Finium contemplatio etiam ad inveniendum facit: hinc in specimine aliquo Actorum Lipsiensium legem Opticae, Catoptricae et Dioptricae communem ex fine deduxi, dum efficiens controversa est. Nam saepe nos efficientes latent, effectus patent ex quibus finis agnoscitur. Hoc consilium meum in Optica Anglice edita valde laudavit Molineusius. Anatomiam quoque animalis finium methodo tractandam putem, ex. gr. considerando corpus humanum ut machinam propagandae sapientiae causa excogitatam, inde tum cognitionis organa, tum conservatio animalis et specici.

Dissertatio Tua de Rotis Dentatis minime est spernenda, etsi multa addi possint.

In Diario Parisino et Historia Operum Eruditorum apud Batavos prodeunte non pauca habentur de systemate meo Harmoniae praestabilitae. Loca pleraque reperies citata a Dno. Bayle in Dictionario voce Rorarius. Ibi enim ea de re mecum amice et cum multa ac pene nimia honoris significatione disputat. Sententiae meae haec summa est, hic scopus: Cartesius agnovit animam non dare novas vires corpori, quoniam eadem semper virium quantitas servetur in mundo. Hoc recte, etsi in eo peccaverit, quod quantitatem motus cum quantitate virium confudit; quoniam ergo anima non potest mutare vim, saltem putavit eam posse mutare directionem corporum, atque ita cursum spirituum animalium moderari; ingeniose magis quam vere, nam tunc adhuc ignorabatur quod demonstravi, etiam summam directionis semper eandem manere, non minus quam virium summam. Itaque ad tuendam rerum perfectionem ordinisque observationem neutram legem ab anima violari fatendum est. Quid ergo? dicemus animam et corpus esse instar duorum Horologiorum diversissimae quidem constructionis, sed a summo tamen artifice ita temperatorum, ut dum unumquodque suas leges sequitur, perfecte inter se conspirent. Itaque si per absurdum nulla essent corpora, tamen omnia in animabus ut nunc apparerent, et vicissim in corporibus ac si omnes animae abessent', Deo ab initio harmoniam praestabiliente in structura quam materiae, et natura quam animae dedit. Quo agnoscit Baylius, sapientiam Dei exaltari ultra omne id quod hactenus cogitatum est. Veretur tamen ne ita usque ad impossibilia extendatur: ego vero in responsione manuscripta ad ea quae in novissima Dictionarii editione habet, ostendi etiam ab hominibus fieri machinas ita praestabilitas, ut cum ratione agere videantur. Sed nec possibilis aliter res est, nisi ad perpetuum miraculum confugias cum autoribus causarum occasionalium. Hinc autem nova et hactenus incognita divinae existentiae demonstratio veteribus additur, quia Harmonia substantiarum mutuo influxu carentium non potest esse nisi ex communi causa. Caeterum ego totam naturam corporibus organicis et animas habentibus plenam puto, quin omnes animas interitus esse expertes, imo omnia animalia, quippe quae generatione et morte tantum transformantur. Rationales autem Animae semper etiam personae suae leges morales servant et in optima Republica versantur sub Monarcha Deo. Neque angelos aliter concipiendos puto, nisi quod animorum et corporum vigore et subtilitate nos multis parasangis praecellunt, et fortasse ipsas transformationes suas aliqua ratione in potestate habent. Itaque apud me magna uniformitate naturae omnia ubique in magnis et parvis, visibilibus et invisibilibus, eodem modo fiunt, soloque gradu magnitudinis et perfectionis variant. Habes quandam systematis mei adumbrationem, sed fusius rem expositam leges dictis locis. Itaque vix mihi amplius difficultates restant in generali Philosophia.

Ad Grammaticam philosophicam pertinet non tam vocabulorum peculiarium analysis, quam communium, id est particularum, flexionum et regiminum, quanquam in lingua philosophica ipsa vocabula ex particulis, ut sic dicam, exoritura essent. Methodus notiones vocum receptarum investigandi procedit ab exemplis, et habet aliquid simile cum derivatione hypotheseos ex phaenomenis.

Possibilitatis et Notionum distinctarum Analysis eadem est, idemque sunt primae possibilitates cum divinis perfectionibus.

Posthuma Cartesii nondum habeo: si Lipsiae prostant, indica quaeso Dn. Lic. Menckenio, ut mihi per occasionem mittantur. Etsi quaedam ex iis jam olim scripta habuerim, inter alia Methodum veritatis inquirendae, sed quae in paulo generalioribus consistit, specialia autem arithmeticae fere tantum propria habet, ut recte notas. Non est cur vereare Tua meditata includere Academicis dissertationibus; docti eas suo pretio aestimare sciunt et suo tempore omnes librum componere possunt.

Ad perfectionem Geometriae promovendam novum plane instrumentum Mentis excogitavi. Id voco Analysin situs. Toto coelo differt ab Analysi magnitudinis, quae sola hactenus extat et in Algebra et infinitesimali Logistica usurpatur. Ejus non minus mira ratio est et promittit egregia, dum imaginationem sublevat. Sed haec nisi viva voce aut prolixis verbis explicare difficile est. Antonii Hugonis Sanlucarensis, quem memoras, nihil unquam nisi relatum vidi, et vereor ut ille haec satis assequatur. Errat, si putat Algebram non bene rationis vestigia sequi in magnitudine exponenda, etsi multa adhuc desint ad ipsius Algebrae perfectionem et Algebra a scientiis anterioribus dependeat. Sed non optime Algebra versatur in exponendo situ, quem Geometria involvit. Caeterum habet et Arithmetica peculiaria sua auxilia praeter Algebram seu doctrinam magnitudinis in universum. Nam Arithmetica certam jam mensuram assumit, nempe unitatem, quaecunque ea sit, ad quam omnia determinate refert.

Amici mihi Gallia scribunt, Rollium esse merum jactatorem, id agere ut nostra aliis verbis sibi vindicet, specimina methodorum quibus se venditat dare non posse. Certe miseras objectiones contra nostra edidit, in quibus candor non apparet.

Raro Deus dat malis aliquid egregii praestandi facultatem. Sunt quidam abitiosuli, in plagia intenti: quicquid his dicas, dudum norunt. Ubi ad rem ventum lapidemque lydium scientiae, haerent. At qui agnoscunt ea, quibus profecerint, candideque et grato animo agunt, si se ad inveniendum convertant, successu destitui non solent. Ego tantum abest ut me jactem autodidactum, ut potius aliorum inventis excitatum me agnoscam ad nova inventa.

De statione non magnopere solicitus esse debes; video enim non defore qui vocent, et propemodum deesse qui vocari possint.

Dn. D. Cypriani diss. de Sensu Brutorum vidi citari, ipsam non vidi. Mihi pergrata foret. Ego ipsum valere gaudeo. Vale Tu quoque etc.

Dabam Hanoverae 9 Novembr. 1705.

Memini ex Te quaerere, quis sit Gabertus Gallus, cujus librum de Viribus motricibus in Diss. de Rotis citas.

IX.
Wolf an Leibniz.

Systema Harmoniae praestabilitae mire placet, inprimis quod et Philosopho magis dignum quam ad immediatum Numinis nutum provocatio, et ad illustrandam gloriam Numinis, praesertim Sapientiam ejus, recte judicante doctissimo Baylio, pietatemque (quod addo) promovendam plurimum facit. Equidem cum Dei nutu omnia subsistant, non negaverim, ab initio me credidisse, in contemplatione causarum secundarum deveniendum tandem esse ad nutum Numinis immediatum; illa tamen provocatio non ante concessa nunc mihi videtur, quam ubi rerum naturae perfecte cognitae effectui explicando non sufficiunt, qui ab iis proficisci observatur. Sed quod Cartesianorum erraverim errorem, inde factum postea cognovi, quod originem essentiae rerum ab origine existentiae earundem non satis distinxerim. Videor enim mihi demonstrasse, originem essentiae rerum deberi intellectui divino, existentiam voluntati, ut adeo, ubi de existentia sermo est, semper tandem deveniendum sit ad Numinis nutum immediatum, ubi de essentia, quaestio proposita ultimo resolvatur in cognitionem ab intellectu divino ex intuitu perfectionum essentiae suae, nostro quidem concipiendi modo, haustam. Scilicet dum Deus contuitus est perfectiones suas sibique concepit modos omnes, quibus eas extra se repraesentare posset, et vi sapientiae suae eos elegit, quibus ista repraesentatio optima ratione obtinetur, essentias creaturarum fundavit. Dum vero voluit, ut ista perfectionum suarum repraesentamina actu praesentia fierent, essentiis rerum existentiam superaddidit. Rerum itaque essentiae et ab iis profluentia non sunt arbitraria, sed necessaria : talia enim sunt, quia Deus haec et non alia habet attributa. Haec omnia cum systemate harmoniae praestabilitae stare posse arbitror. Ast illud nondum perspicio, qua ratione origo mali ex eodem deducatur, et num eidem consona sint, quae ego hanc in rem meditatus fui. Libertas voluntatis cum multum difficultatis facessat Philosophis, mihi fere nullam parit. Cogitationes in mente non minus necessaria ratione se subsequi puto, ac motus rotarum in machina, modo mens ad cogitandum determinetur. Libertas adeo mihi est potentia, qua mens seipsam ad objectum aliquod cogitandum determinat, dumque determinationem continuat, attentionem suam conservat. Utut itaque judicium evidenter verum, si mens id intueatur, voluntatem ad agendum vel omittendum necessario inclinet; ista tamen volitio coacta dici nequit, quia in homine datur ob factam a se sui ipsius determinationem ad cogitandum ea, ex quibus judicium volitionem producens fluebat. Malum igitur oritur ex perverso liberi arbitrii usu, qui in eo consistit, quod mens ad ea cognoscenda se non determinat, quibus actionum ad summam nostrummet perfectionem directio continetur.

Veniam nuper exoravi mea de methodo inveniendi cogitata censurae I. E. V. subjiciendi. Initium itaque in praesenti facturus sum. In methodo inveniendi naturam veritatis et falsitatis primo loco cum D. d. T. *) explicari perplacet: sed tamen non sufficere mihi videtur dixisse, verum esse, quicquid concipi potest; falsum, quicquid concipi nequit. Nempe in omni propositione (ad earum enim veritatem unice collimat regula ista) duo distinguo, hypothesin atque thesin, et utriusque intueri nos debere notiones claras et distinctas statuo, si eam concipere aut non concipere velimus. Ut igitur propositio sit vera, duo itidem requiro, nempe hypotheseos possibilitatem, et theseos cum ista necessarium nexum, ut ita mens thesin hypothesin jungat, quo istius contradictorium cum eadem conjungere nequeat. Veras igitur dum concipimus propositiones, cogitatio una ponit alteram; falsas dum concipere conamur, una alteram tollit vel evertit. Quodsi de hypotheseos possibilitate solliciti non simus, sed unice ad nexum ejus cum thesi attendamus, propositiones, quas concipimus, erunt saltem hypothetice verae; quas concipere non possumus, hypothetice falsae. Atque nunc intelligo, cur I. E. V. asserat, Cartesianam de existentia Numinis demonstrationem ἀκρίβειαν Geometrarum aemulari, si supponatur, ens perfectissimum esse possibile: quae ab initio capere non poteram, sed meditantem ad ea perluxerunt, quae modo exposui.

Dum de Existentia Numinis loquor, mentem subit aliqua ejus demonstratio, quam juxta exposita principia rite procedere arbitror. Evinco nimirum, dari quaedam entia, cumque nullum eorum loco nihili seipsum praesens sistere potuerit, minime ens unum a se erit. Est adeo ens a se possibile. Adverto autem ens a se non posse concipi nisi ut necessario existens. Quare cum cogitatio omnis existentiam involvens sit de re singulari, nequaquam de specie aliqua aut genere, conceptus entis a se erit conceptus entis

---

*) Dn. de Tschirnhaus.

singularis. Tale autem ens est possibile. Ergo quoque existit.
Ergo datur Ens unicum a se, h. e. Deus. Hac demonstratione ad-
missa, quae de Deo cognovi aut ab aliis hucusque cognita sunt,
omnia ex unico entis a se conceptu deducere valeo.

Quando I. E. V. ad Dn. Lic. Menckenium litteras datura est, in-
signis beneficii loco habiturus sum, siquidem vel in schedula aliqua
tribus saltem verbis mihi indicare dignata fuerit, qualis numerus assumi debeat pro a in serie Schediasmatis Actis Lipsiensibus anni 1691
p. 179 inserta, si ex. gr. arcus statuatur 25^0, ut seriei aliquot
termini in unam summam collecti exhibeant sinum in Tabulis
obvium.

Dn. D. Cyprianus dissertationem de Sensu Brutorum con-
scripsit, cum secunda vice pro Loco disputaret, ut adeo haberi non
amplius possit. Ex Dn. Menckenio autem didici, nihil in eadem
contineri, nisi quae in omnibus Scholasticorum libellis prostant.
Posthuma Cartesii se non habere nec procurare posse asseruit Dn.
Menckenius. Non tamen dubito, quin futuris nundinis adipisci
eadem liceat.

Gissensis Professio Mathematica adhuc vacat. Num mihi
conferenda sit, decretum hucusque non est. Nollem de statione
adipiscenda multum esse sollicitus, modo non cum experirer rerum
mearum statum, ut, dum collegiis habendis 8 per diem horas in-
sumserim, iis exceptis, quas praeparatio ad nonnulla requirit, vix
tamen suppetarit, unde parce ac duriter vivam, plerisque leve, quod
posco, pretium ex animo ingrato subducentibus. Helmstadii vacare
ajunt Professionem Physicam; sed cum Medica conjunctam fuisse
alias audio, ut dubitem, num separetur. Cur Academia Hallensis,
quae tantopere floret, Professore Matheseos destituatur, miror, inprimis cum plures ibi fore Mathematum cultores audiam, quam
Lipsiae, ubi Mathesis quid sit fere ignoratur, adeoque nonnisi
paucissimi ejus desiderio flagrant. Sed dabit etiam Deus per
providum I. E. V. huic curae statuto tempore finem. Quare nil

magis in votis habeo, quam ut Deus I. E. V. per plures adhuc annos in mei etiam solatium ac patrocinium salvam atque incolumem servet, ut tanto Patrono gloriari concedatur etc.

Dabam Lipsiae d. 2 Dec. 1705.

X.

Leibniz an Wolf.

Hanover 8 Decbr. 1705.

Gratum est quod Systema meum Harmoniae substantiarum expendisti, eique applausisti. Videbis necessario ad id deveniendum, si neque miraculosa neque ἄρρητα seu intellectu carentia ducere velimus. Nam systema causarum occasionalium necesse est statuat leges corporum a Deo violari occasione mentium.

Recte ais, Essentiam creaturarum ab intellectu divino pendere, Existentiam a voluntate. Interim divina voluntas rursus ab intellectu regulam accipit. Deus enim non vult, nisi quod optimum esse ejus intellectus cognoscit.

Origo mali est a limitatione creaturarum.

Quod mens sese ad unum potius quam ad aliud cogitandum determinat, non oritur ab arbitrio purae indifferentiae, sed suas rursus rationes habet. Interim dicendum est, mentem maxime spontaneam rem esse, quod ex meo demum systemate apparet.

Verum est, Ens a se necessario existere, et nisi daretur, nec Entia ab alio extitura. Sed non ita facile est accurate demonstrare, Ens a se esse Deum, seu esse omniscium et omnipotens et unicum. Lucretius dicet, omnes Atomos suas esse Entia a se; alia ergo ratiocinia sunt adjungenda, sed quae pleraque jam habentur.

Si ex arcu *a* quaeras sinum vel sinum complementi, patet arcus magnitudinem debere esse datam. Quodsi ergo datum sit, arcum esse 25 graduum, patet fore $\frac{A}{z}$ circumferentiae. Ipsa autem circumferentia est 3.14159 etc. si quidem in numeris res exprimere velis qua licet, posito radium esse $\frac{1}{2}$; sed si radius sit 1, erit a $= 2 . \frac{A}{z} . 3 . 14159$ etc. Ita invenire sinum arcus 25 graduum ope regulae meae poteris, si ponas eum sinum aliunde Tibi notum non esse, aut si Tabula sinuum non sit ad manus, et potes ad quantamcunque exactitudinem pervenire.

Si mihi significes, a quibus potissimum pendeat Giessensis professio, fortasse rationem invenio per amicos efficiendi, ut negotium illic pro Te acceleretur.

Physica apud Helmstadienses alicui jam promissa est, qui idem et Medicinam colit.

Caeterum suadeo, ut dum in vigore es aetatis, magis Physicis et Mathematicis quam philosophicis immoreris, praesertim cum ipsa Mathematica potissimum juvent philosophantem, neque ego in Systema Harmonicum incidissem, nisi leges motuum prius constituissem, quae systema causarum occasionalium evertunt. Quae tamen non ideo dico ut Te deterream a philosophando, sed ut ad severiorem philosophiam excitem.

●　　———

XI.

Wolf an Leibniz.

Quod I. E. V. petito meo tam prompte annuere voluerit, gratias habeo debeoque maximas. Ipsas series pro inveniendo ex dato arcu sinu et contra per applicationem calculi integralis et methodi serierum eruere tentavi, tentantique feliciter successit negotium. Sed fuerat, qui pro comperto asseverabat, ad praxin series istas non facere, cum quaesitum non exhibeant. Video vero ipsum applicationem non rite instituisse, et fortassis arcum in numero graduum, non partium radii assumsisse. De Methodo serierum infinitarum dissertationem conscripsi, praeterita hebdomade publice ventilatam, quam cum Dn. Foerstero, Bibliopola Hannoverano, mittam. Dn. Lic. Menckenio schediasma de Motuum coelestium causis reddidi per occasionem remissuro. Quodsi id factum non fuerit, Dn. Foerstero similiter tradam. Alterum de Motu radente et lambente typis jam exscriptum, mensi nempe Januario anni 1706 insertum. Qualis libertatis formandus sit conceptus, libenter nossem: ejus enim cognitio multum me juvaret. Quemadmodum et de Numinis demonstratione laboro, quae non hypothesibus superstruatur, quales sunt fere omnes, quae hactenus apud Autores reperire licuit, sed ex principiis evidentibus fluat. Entis perfectissimi possibilitatem demonstare nondum valeo. Multa in demonstrationibus Philosophicis ab attributis divinis pendent. Quare taedet, quod circa existentiam Numinis adstruendam vacillandum. Consilium de non anxie conquirendis Artis inveniendi praeceptis generalibus perplacet. Video enim Analysin Mathematicam a nemine cum fructu addisci posse, nisi regulas paucissimas ad plura statim problemata resolvenda applicet; nec regulas speciales innotescere posse, nisi per generales jam detectae fuerint veritates nonnullae; immo quo plures veritates deteguntur, eo magis quoque Analysin perfici. Quamobrem pro certo habeo, idem in Philosophia etiam reliqua fieri debere. Unde nil magis in votis habeo, quam ut Deus praeter vires ingenii ac corporis otium quoque largiatur, quo me ad veritates utiles investigandas atque jam investigatas in ordinem redigendas conferre, quidque possint ingenii vires, explorare valeam. Cum adeo me voti mei compotem redditum iri arbitrer, si Professio aliqua Mathematica vel Philosophica mihi conferatur, ubi I. E. V. negotium Giessense in mei gratiam urgere voluerit,

hoc tantum patrocinium ad ˌcineres usque animo grato depreca-
turus sum etc.

Dabam Lipsiae d. 30 Decembr. 1705.

XII.
Wolf an Leibniz.

In eo eram, ut Schediasma de Motuum coelestium causis
I. E. V. remitterem, addita dissertatione mea de Seriebus infinitis,
cum ex litteris I. E. V. intelligerem, quod iter Berolinum meditetur
Quare illud remittere nolui, aliam commodiorem occasionem ex-'
pectaturus. Caeterum quoniam dudum in votis habui, ut cum
I. E. V. coram colloqui daretur, siquidem veniam impetrarem, sine
mora Berolinum accederem, modo constaret, quonam tempore ad-
ventus meus I. E. V. maxime commodus foret. Praesentes igitur
litteras eum unice in finem scripsi, ut ni molestum accidat, illud
mihi indicetur. Jussus statim adero et afferam, quae ex ratione ante
dicta mittere neglexi, quo opere ipso ostendam, me esse etc.

Dabam Lipsiae d. 14 Jan. 1706.

XIII.
Wolf an Leibniz.

Schediasma de Motuum coelestium causis dudum remisissem,
nisi litterae de itinere Berolinensi dubium me reddidissent, quor-
sum mitti deberet. Tradidi igitur illud Dn. Foerstero, I. E. V. reddendum. Addidi exemplar dissertationis de Seriebus infinitis, in
gratiam tyronum conscriptum, ut haberent regulas in collegio pri-

vato pluribus exemplis ad captum ipsorum illustrandas. Volupe autem fuerit meliora edoceri. In Coroll. 6 mechanismi mentis memini, quem in analogia modi operandi in mente cum modo operandi in machinis constituo, et inter disputandum sic explicavi. Quemadmodum plures in machinis dantur partes, quarum una ad motum excitata seu determinata in motum partis alterius juxta certas motus leges necessario influit; ita similiter in mente plures dantur facultates seu Potentiae, quarum una ad cogitandum determinata juxta certas cogitandi leges in cogitationem alterius necessario influit. Corollarium ultimum in eorum gratiam adjeci, qui Scripturam sacram interpretaturi non in notiones Spiritus inquirunt et ex earum consideratione eruenda eruunt, sed praejudicia propria pro conclusionibus....... venditant, et acquisitam aliunde notitiam in Scripturam inferunt, atque in eos, qui ipsorum placitis adversa statuunt, impetuose invehuntur. Ejus veritatem ita demonstrare soleo. Cum certum sit Scripturam sacram non ineruditis minus, quam eruditis informandis destinari ex intentione divina, talia etiam a Deo adhibenda fuere media, quae scopo huic consequendo inserviunt, vi sapientiae ipsius. Quando itaque Scriptura sacra ex rerum naturalium contemplatione ad majestatis divinae cognitionem ac laudem homines excitare intendit, eo id facere debet modo, qui Philosophis pariter atque plebi sive doctae sive indoctae convenit. Jam duplex datur ad perfectionum divinarum notitiam ex rerum naturalium consideratione perveniendi via, nempe phaenomenorum recensio et eorundem resolutio. Ista cum nitatur observationibus sensualibus, sensibilia autem sensu percipere possit et Philosophus et plebs, docta pariter atque indocta, omnibus quoque Scripturae lectoribus convenit. Ast altera cum intellectum requirat purum in possibilibus concipiendis multum versatum, et per Coroll. 7 Dissert. intimiorem Geometriae, Arithmeticae ac utriusque Analyseos notitiam qualis nec in docta nec indocta plebe datur; omnibus Scripturae sacrae lectoribus non convenit. Quamobrem prae posteriori priorem eligere debuit Spicitus Sanctus. Hactenus in studio Architectonico occupor et ejus regulas ad certa fundamenta revocare conor. Cum cura evolvi Vitruvium cum Notis Perraltii, Rivii in eum Commentarios, Serlium, Vignolam cum Notis Davilierii, Scamozzum, Goldmannum, Perraltii opus de Columnis, Blondelli Cursum Architectonicum aliosque, quos una cum istis possideo; sed praecepta Architectonica non satis ad captum, nec sufficienter explicari, multo minus demonstrativis fundamentis superstrui adverti, inprimis in doctrina de 5 Ordinibus. Nec successu mihi meae caruisse videntur meditationes; finium enim methodum optime Architectonicae scientiae applicari didici et problematibus Architectonicis resolutiones adscribere in potestate est iis similes, quae ad problemata Geometriae practicae cernuntur. Unde quae in Gymnasio Goettingensi a Mathematico praestanda sunt, praestare satis valeo: nam delineationem Militarium et Civilium conficiendarum modum expeditum et accuratum novi, praxes quoque campestres subinde cum Auditoribus meis exercere soleo. Sed nollem tempus omne, saltem praecipuum iis terere. Scire tamen liberet, quale constitutum sit Professioni isti salarium. In nostra Academia nactus est Dn. Pfautzius inscius, immo non sine dolore, substitutum, hominem ambitione nemini secundum, fastu importuno intolerabilem, principiorum Euclidis, immo definitionum Astronomicarum ignarum, ut qui in Programmate inaugurali parallaxin per fallaciam visus, qua objecta remotiora minora, viciniora majora comparent, explicat, ex Tabulis quas non intelligit, loca siderum unice computare valentem. Quod ad Professionem Gissensem I. E. V. me commendaverit, grato animo agnosco. Hisce nundinis Rollii Elementa Algebrae nactus sum, sed non nisi vulgaria sub pomposis loquendi formulis et insuetis subinde dictionibus proponi adverto.

Facta mihi quoque est Matheseos Gottignianae copia; verum perfectio Analyseos ab hoc Autore tentata magis ad ipsius limites coarctandos eandemque non necessariis difficultatibus implicandam facere mihi videtur. Dn. Bernoullio Dissertationem desideratam misi. Gratum mihi est tanto viro innotuisse; sed magis gratum, quod uti datum etc.

Dabam Lipsiae d. 5 Maj. 1706.

XIV.
Leibniz an Wolf.

Schediasma meum de Motuum coelestium causis, et Dissertationem Tuam de Seriebus infinitis recte accepi, et gratias ago. Generaliora pro summandis seriebus tam finitis quam infinitis reperies in Schediasmate quodam meo, quod continet resolutionem Fractionum compositarum in simplices, insertumque fuit Actis Lipsiensibus paucos intra annos. Multa tamen nondum adhuc summare possumus, veluti seriem numerorum fractorum, quorum numeratores sunt unitates et denominatores sunt quadrati aut cubi aut aliae potentiae a numeris progressionis Arithmeticae, vel hi numeri ipsi.

Bene notas ad illustrandam doctrinam Harmoniae praestabilitae prodesse, ut conferamus partes machinarum corporearum cum diversis animae ejusdem facultatibus; revera tamen quaecunque in Anima universim concipere licet, ad duo possunt revocari: expressionem praesentis externorum status, Animae convenientem secundum corpus suum; et tendentiam ad novam expressionem, quae tendentiam corporum (seu rerum externarum) ad statum futurum repraesentat, verbo: perceptionem et percepturitionem. Nam ut in externis, ita et in anima duo sunt: status et tendentia ad alium statum. In mentibus autem expressiones cum conscientia sunt conjunctae, cum animarum omnium commune sit expressio multitudinis in Unitate, quod cum Cartesiani et in mentibus agnoscere cogerentur et tamen non satis distincte considerarint nec a conscientia sejunxerint, animam et mentem confudere. Natura et animalium et animarum, sed non mentium plena est, seu dominantium animarum, quae personam habeant in divina civitate; Cartesiani autem non aliam considerabant notionem, quam conscientiam, qua animam metirentur, non attendentes, esse multas in nobis perceptiones vel expressiones, quarum conscii non sumus, adeoque posse animas esse, quae conscientia omnino careant, uti nos ea caremus, etsi nunquam perceptione destituamur.

Cum Giessa nihil certi intelligam, etsi spes prolixa facta sit, res autem Goettingensis nondum satis sit constituta, ego vero de Te provehendo data occasione cogitem, ut par est, significandum putavi, quod nuper ad me perscriptum est. Novam Academiam Biponti fundat Rex Sueciae: illinc vir in autoritate positus ad me scribit, quaeritque de professoribus viris doctis et locum ornaturis, sed addit Historiae et Mathesi jam prospectum esse. Ego putavi a Te non minus lucis afferri posse philosophiae quam Mathesi, itaque respondi, Te qui Lipsiae cum laude doceas, pulchre satisfacturum, sive de re morali, aut logico-metaphysica, aut etiam physica agatur. Recepi simul in me, ad Te scribere, quod nunc facio. Interim vides expectandum mihi esse responsum, antequam aliquid certi polliceri possim. Mallem Te nobis propiorem, sed vides Tui commodi honorisque potissimam a me rationem haberi.

Recte de Gottignio Jesuita Belga, sed Romae mortuo judicas: non contemnendus erat in observationibus Astronomicis, sed Analysin tractans quaerebat nodum in scirpo. Interim si attulisset rigidas demonstrationes, non aspernarer. Relinquendum hoc est iis qui inveniendi fortuna carent, ut accuratis demonstrationibus exhibitis suppleant, quod inventores morae hujus impatientes prolixius agere dedignantur.

Haud dubie autores sacri locuti sunt de motu Astrorum, ut nos loqueremur in Historia quantumvis Copernicani. Interim nec eorum diligentiam aspernor, qui in ipsa sacra scriptura interioris doctrinae vestigia vestigant. Et nuper Dn. Reiherus ad me misit Capita suae Matheseos Biblicae, cujus altera pars ultra Mosaicam progreditur.

Operae pretium facies praeceptis Architectonicis ad rationes revocatis, quanquam eae saepe sint magis convenientiae quam necessitatis; sed hoc sufficit in tali argumento. Vale.

Dabam Hanoverae.

XV.

Wolf an Leibniz.

Milite Suedo circulos turbante nostros cum fugam pararent omnes, fugam et ipse paravi. Suadente itaque Dn. Rechenbergio Gissam profectus, statum Academicum cogniturus. Honorifice equidem exceptus a Dominis Professoribus, spesque mihi ab iisdem facta certissima, fore ut intra paucas hebdomadas vocationem ad Professionem Mathematicam obtineam. Enimvero si vel maxime spes eventu non destituatur, haud tamen majus temporis spatium meditationibus propriis permittetur, quam occupationes Lipsienses concedebant. Etenim salarium perexiguum, victus tamen majori fere pretio, quam Lipsiae comparandus. Numerus studiosorum exiguus itidem. Plerique juribus student, et ex aliis Academiis Gissam veniunt, ut Philosophiae ac Matheseos parum habeant rationis. Theologi nescio quo consilio Theologiae studiosis Philosophiae ac Matheseos studium exosum tanquam inutile reddiderunt. Qui rebus suis optime consulunt, ducta uxore rei oeconomicae gnara villicos agunt. Putabam tamen urgente necessitate acceptandam esse conditionem qualemcunque, cum litterae I. E. V. ipso fugae die acceptae liberationis spem faciant, procul dubio longe certissimam. Sed dum Halae vocationem expecto, incidit consilium quoddam,

quo melius rebus meis et de praesenti et de futuro prospici posse
videbatur. Vidi enim deesse Halae, qui Mathesin profitetur, deesse,
qui profitetur Physicam, immo reliquam quoque Philosophiam melioris
notae. Didici, non deforc Matheseos Auditores, Architectonicarum
inprimis Scientiarum, Mechanicae atque Hydraulicae, modo haec
studia commendentur a Dn. Stryckio; non defore Physices Auditores, si opera mea in hoc argumento commendetur a Dn. Hofmanno: immo applausum facile obtentum iri, si per publicas lectiones inclarescendi ansa praebeatur. Nec difficile fore arbitror
aliorum exempla intuens, ut Professionem Matheseos ordinariam
Halae obtineam, modo Dn. Stryckius atque Hofmannus in aula sig-
nificarent, Professorem Matheseos esse Academiae necessarium,
atque I. E. V. confirmaret, me posse cum fructu huic Professioni
praeesse. Nec prorsus desperari poterat de salario; abit enim
Hala Altdorfum Gundlingius, invita Facultate hactenus Professione Juris Naturalis ordinaria extra ordinem defunctus et extraordinarium salarium meritus. Quodsi difficultas de constituendo
aliquo salario oriretur, poteram tamdiu salario carere, donec mo-
riatur, qui pinguiori salario hactenus fuit gavisus. Etenim ex. gr.
Dn. Cellarius, vir morti vicinus, 600 quotannis accipit imperiales:
quale praemium litteris humanioribus post ipsius mortem non decer-
netur, ut commode in salarium geminum abire queat. Aulam non esse
restituram, vel inde intelligo, quia promiscue quibuscunque Profes-
sorum extraordinariorum titulos concedunt; Academiam vero non
refragari, Stryckio et Hofmanno volentibus, certum est; hi vero cur
adversentur, causam habeo nullam. Immo religioni sibi ducent
reclamare, I. E. V. causam meam agente. Hoc meum consilium ne
in malam partem interpretetur I. E. V., quin potius, quam primum
fieri potest, significet, utrum approbandum, nec ne, enixe rogo ad
cineres usque futurus etc.

Dabam Halae d. 26 Sept. 1706.

XVI.
Wolf an Leibniz.

Equidem religioni mihi duco tam crebris litteris tot creare molestias Illustri Excellentiae Vestrae; cum tamen salutem meam eidem cordi esse certissimus sim, non aegre laturam esse mihi persuadeo, quod denuo ardua negotia interpellare audeam. Adibam his diebus Dn. Stryckium, cumque de statu meo percontaretur, dixi me hactenus Lipsiae per 5 fere annos Mathesin cum applausu docuisse, nunc mihi oblatam esse Professionem Gissensem, quae quidem non satis opima existat, spem tamen factam esse ab I. E. V. alius vel in Goettingensi Gymnasio illustri, vel in Academia Bipontina obtinenda. Mox regessit, Hallensi Academiae deesse Mathematicum, seque velle, ut in ea permaneam, acturum sese cum cura, quicquid in hoc negotio ab ipso proficisci possit. Nec ullo modo de successu desperare, modo I. E. V. addat litteras commendatorias, in iisque significet, malle se, ut Hallensi potius, quam Gissensi Academiae operas meas praestem, suadeatque, ut cum Fiscus Fridericianus salario constituendo non sufficiat, interea aliquod quantulumcunque salarium extraordinarium constituatur, donec alius in Facultate locus reddatur vacuus. Sibi ne minimum superesse dubii fore, ut salarium 200 thalerorum obtineam: cum multum sit in Aula consilii I. E. V. momentum. Suadebat insuper, ut adirem Magnificum Dn. Pro-Rectorem Hofmannum, non tamen quicquam de ipsius consilio dicerem. Secutus Patroni tam inopinati consilium ad Magn. Dn. Hofmannum propero, qui laetus me vidisse, de quo jam multa audiverat, sine ullo meo petito praevio, affirmabat, non Gissensem, sed Halensem Academiam locum esse debere, in quo Mathesin profitear. Et statim rem confectum iri affirmabat, si. litteras commendatorias in aula exhibendas huc quantocyus mitteret Excellentia Vestra, ut iis atque litteris Dni. Pro-Rectoris Academiae nomine perscriptis (quibus addere potero litteras Dni. Stryckii) instructus Berolinum proficiscerer. Quoniam itaque omnia redeunt ad litteras I. E. V., ea qua par est animi submissione rogo, ut ne iis deesse mihi velit: rogat ipse Dn. Pro-Rector Hofmannus, qui consuetudine mea multum delectatur. Sancte promitto, me in Professione obeunda semper memorem futurum commendationis Leibnitianae, ut ea dignum me gerere omni modo allaborem, quaeque ad utilitatem ac splendorem Academiae faciunt, pro virili promoveam. Anxius expecto I. E. V. auxilium, tum ut quid Gissensibus rescribendum sit constet, tum ut, si Halae docendi munus obtineam, auditores futuri interea aliis collegiis nomina sua non dent, quae finitis nundinis Lipsiensibus inchoantur. Interea spes me lactabit certissima, fore ut I. E. V. inter tot alias arduas curas pro salute regionum Electoralium conceptas meae quoque salutis gerat curam, qua per omne tempus non desit causa laetandi etc.

Dabam Halae d. 3 Octobr. 1706.

Hierauf folgt ein Brief Wolf's, d. Halae 16 Octobr. 1706, von unwesentlichem Inhalt; er dankt darin für die erhaltenen Empfehlungsschreiben Leibnizens, und meldet dass er im Begriff sei, nach Berlin damit abzugehen.

XVII.
Wolf an Leibniz.

Incubui demonstrationi theorematis de numero radicum realium in qualibet aequatione investigandae: sed negotium aggredienti suspicio de impossibilitate demonstrationis generalis per omnes casus omnium graduum in infinitum subnata est. Deprehendi enim in hypothesi hujus theorematis unice respici ad numerum radicum, ast dispositionem signorum pendere et a numero et a quantitate radicum. Id manifestum est ex theorematibus, quae prorsus a priori pro explicanda natura omnium aequationum cubicarum completarum deduxi. Sunt autem sequentia: I. Si aequatio 3 habuerit radices veras, terminus secundus erit negativus, tertius positivus, ultimus negativus. II. Si 2 veras et unam falsam veris majorem, secundus et ultimus erunt positivi, tertius negativus. III. Si 2 veras et unam falsam istis minorem, sit tamen una vera minor falsa; vel si singulae verae excedant falsam, differentiaque falsae a vera minore superet falsam; vel singulis veris falsam excedentibus differentia falsae a vera minore sit minor falsa et differentia verarum minor vera minore; secundus et tertius erunt negativi, ultimus positivus. IV. Si 2 veras et unam falsam habeat, et singulae verae excedant falsam, differentia tamen falsae a vera minore sit minor falsa, et differentia verae minoris a majore sit major vera minore; secundus erit privativus, duo reliqui positivi. V. Si 2 falsas et unam veram, fueritque vera major falsis sive singulis sive junctim sumtis; omnes tres termini sunt negativi. VI. Si 2 falsas et unam veram, sitque vera falsis simul sumtis minor, una tamen falsarum major; vel singulae falsae excedant veram et differentia verae atque falsae minoris superet veram; vel singulis falsis veram excedentibus, differentia verae a falsa minore sit quidem minor vera, differentia tamen falsarum minor falsa minore; terminus secundus erit positivus, duo postremi privativi. VII. Si duas falsas et unam veram et singulae falsae excedant veram, differentia verae a falsa minore sit minor vera et differentia falsae minoris a majore major falsa minore; terminus secundus et tertius erunt positivi, ultimus privativus. Haec theoremata (quorum demonstrationem brevitatis causa non addo) omnes casus Aequationum Cubicarum accurate definire vel inde liquet, quod omnes combinationes signorum possibiles comprehendant. Et ex iis etiam apparet, regulam Cartesianam vel Harriotti non fallere in Aequationibus Cubicis, eamque intelligendam esse de aequationibus meras radices reales habentibus, quemadmodum jam contra Rollium notavit Prestet lib. 8. Vol. 2 p. 364.

Tentavi etiam resolutionem problematis in Diario Trevoltiensi propositi de invenienda natura Curvae a centro gravitatis globi filo tensibili alligati in descensu ex B in E (fig. 2) descriptae. Cum massa globi maneat invariata, in descensu autem ex B′ in E ipsius augeatur celeritas; pono tensiones esse ut celeritates. Jam celeritates juxta Gallilaeum augentur secundum numeros impares: ergo et incrementa longitudinis fili DC, EK, FL crescunt secundum numeros impares. Porro rectae AG, GH, HJ respondent altitudinibus, per quas singulis momentis descendit globus. Quare cum momenta sint aequalia ex hypothesi, erunt spatia ut celeritates, adeoque et ipsa crescunt secundum numeros impares; consequenter DC, EK, FL erunt inter se ut AG, GH, HJ, et inter abscissas AG, AH, AJ et differentias fili tensi DC, MK, NL a non tenso AB constans dabitur ratio. Sit haec ratio $= c : b$. Sit porro $AB = a$, $AG = x$, $GC = y$, erit $AH = 4x$, $AJ = 9x$, $DC = cx : b$, $MK = 4cx : b$, $FL = 9cx : b$, adeoque

$$GC^2 = aa + 2cax : b + c^2x^2 : b^2 - x^2$$
$$\overline{AK}^2 = aa + 8cax : b + 16c^2x^2 : b^2 - 16x^2$$
$$\overline{AL}^2 = aa + 18cax : b + 81c^2x^2 : b - 81x^2 \text{ etc.}$$

Ex antecedentibus autem demonstratu haud difficile, quadratum cujusvis ordinatae constare ex quadrato constantis a, facto ex dupla differentia fili tensi a non tenso in non tensum et quadrato hujus differentiae, demto quadrato ex abscissa. Unde si indeterminate vocetur abscissa x, semiordinata y, erit aequatio generalis curvae propositae naturam definiens: $y^2 = aa + 2cax : b + c^2x^2 : b^2 - x^2$.

Pergratum erit resciscere, quid I. E. V. de hac resolutione judicet etc.

Dabam Halae d. 25 Decembr. 1706.

XVIII.

Leibniz an Wolf.

Verum est, quod theorema Harrioti non procedat nisi in radicibus realibus, quod jam notavit et Schotenius. Sed quia succedit ex solo numero radicum utcunque quantitas radicum varietur, utique necesse est dari modum demonstrandi theorema universale. Nec refert quod in ipsis cubicis non nisi per enumerationem eo pervenire potuisti. Fortasse enim res obtineri potest sine enumeratione. Fortasse etiam in ipso enumerandi continuato ad altiora progressu se deteget universalitas. Et perinde res est ac si quis Arithmeticus ex eo quod ipsi non apparet veritas alicujus theorematis nisi per inductionem, hinc sibi suspicionem subnasci diceret impossibilis demonstrationis universalis. Sed non est putandum, paulo profundiora tam facili negotio confici posse.

Vereor etiam ne solutio problematis Trivultiani majore attentione indigeat, quam nunc adhibere potuisti. Linea EK quantitas seu fili tensio nova non pendet a celeritate qua descenderet globus per CE, si tensio abesse poneretur, sed partim a declivitate ipsius EK, partim ab impetu globi a successu prioris tensionis collecto, partim denique a resistentia elastica fili contra novam tensionem, quae cum ipsa tensione perpetuo augetur. Nam si abstraheremus animum ab omni descensu fili (velut si filum semper perpendiculare esset horizonti), tamen peculiari progressu cresceret continue tensio fili et descensus globi ex hac tensione ortus, quem casum simpliciorem ubi prius accurate consideraveris, videbis quantum Tua solutio absit a composito, ubi descensus fili cum tensione ejus complicatur.

XIX.
Wolf an Leibniz.

Introductio mea finitis feriis facta est, quia Dn. de Dieskau spem quidem certam, sed non satis propinquam salarii obtinendi facere videtur, ut pessime rebus meis consulerem, si a collegiis abstinere deberem, donec certitudinem obtinerem. Pessimus Halae futurus videtur rerum mearum status; faxit Deus, ut sim vanus vates. Multa recensere poteram obstacula, quae mihi undiquaque ponuntur; sed nolo scribere, quae mihi ipsi taedio existunt. Ceterum quia ex litteris Haenischii, amici mei I. E. V. non ignoti, intelligo, litteras meas sub finem anni praeteriti ad I.E. V. perscriptas non fuisse traditas, culpa dubio procul Dn. Hofmanni, qui jam Lipsiae animi gratia agit, earundem summam denuo hisce inserere placet.*) — Quaesivi etiam libellum illius Arithmetici, de quo nuper dixi, et quaesitum inveni. Habet omnino regulam generalem resolvendi aequationes gradus cujuscunque, et demonstrationem in alio Tractatu promittit, qui num prodierit mihi non constat. Radices per eam inventae, bonae deprehenduntur per omnia examina, quae vi naturae aequationum institui possunt. Ita ex. gr. aequationis $x^6 - 4x^5 - 16x^4 + 48x^3 + 57x^2 + 4x - 6 = 0$ radices reperiuntur $-2 + \sqrt{2}, -2 - \sqrt{2}, 2 + \sqrt{7}, 2 - \sqrt{7}, 2 + \sqrt{3}, 2 - \sqrt{3}$. Similiter radices aequationis $x^7 - 8x^6 - x^5 + 132x^4 - 265x^3 - 64x^2 + 377x - 92 = 0$ inveniuntur $2 + \sqrt{2} + \sqrt{3}, 2 - \sqrt{2} - \sqrt{3}, 2 + \sqrt{2} - \sqrt{3}, 2 - \sqrt{2} + \sqrt{3}, 2 + \sqrt{3}, 2 - \sqrt{3}$ et -4. Et radices aequationis $x^8 - 14x^7 + 6x^6 + 21x^5 + 441x^4 + 540x^3 + 412x^2 - 1547x + 588 = 0$ deprehenduntur $-1\frac{1}{2} + \sqrt{-1\frac{1}{4}}, -\frac{1}{2} - \sqrt{-1\frac{1}{4}}, 2\frac{1}{4} + \sqrt{3\frac{1}{4}}, 2\frac{1}{4} - \sqrt{3\frac{1}{4}}, \sqrt{15 + 3} + \sqrt{17 + \sqrt{540}}, \sqrt{15 + 3} - \sqrt{17 + \sqrt{540}}, -\sqrt{15 + 3} + \sqrt{17 - \sqrt{540}}, -\sqrt{15 + 3} - \sqrt{17 - \sqrt{540}}$. Ipsam regulam, non admodum prolixam, ad examen revocare nondum

---

*) Es folgt hier der Brief vom 25 December 1706.

5

licuit, nec multum libuit, quia facilius hoc fieri posse confido, si demonstratio Autoris sit ad manus. Legi his diebus responsiones Cheynaei ad Animadversiones Moivraei in ipsius Tractatum de Methodo fluxionum inverva; sed miratus, Mathematicum tam scurriliter adversarium suum tractare tantumque in refutatione affectibus tribuere. Judicium I. E. V. de meis qualibuscunque meditationibus humillime expeto etc.

Dabam Halae d. 8 Jan. 1707.

———————

Leibniz hat bemerkt: Ex responsione: Significa, quaeso, nomen autoris et regulam ex libro excerptam communica.

————————— *

XX.

Wolf an Leibniz.

Quoniam ex litteris, quas nuper accepi, longe gratissimis conjicio, I. E. V. adhuc per aliquod temporis spatium Berolini commoraturam, exemplar Programmatis Lectionibus publicis ac privatis ex more praemissi mittere libuit. Quod vero regulam attinet generalem ex aequationibus altioris gradus radicem extrahendi, ea exstat in scripto Germanico Hamburgi 1694 in 8. edito sub titulo: Herrn Heinrich Meissners A. 1079 herausgegebener so genannter Arithmetischer Kunst-Spiegel. Daneben eine bequeme und leichte Kunstregel angewiesen, wie man aus den höheren cossischen Aequationibus die Valores Radicum, wenn solche auch in Irrational-Zahlen fallen, mit leichter Mühe finden könne, welchem noch beygefüget ein künstlicher Appendix, darinn die neuerfundene General-Regul enthalten, durch welche man die cossische bilancen auf alle und ieden Zahlen ihre unendliche Aggregate finden kann .... Denen Kunstübenden zum ferneren Nachsinnen vorgestellet von Paul Hälcken, Schreib- und Rechen-Meister in Buxtehude.

Regula, quemadmodum ex ipsius exemplo primo conjicere licet, huc redit: 1. Aequationem propositam $(x^6 - 4x^5 - 16x^4 + 48x^3 + 57x^2 + 4x - 6 = 0)$ mutat in aliam, ita ut radices falsae abeant in veras et verae in falsam (nempe in $x^6 + 4x^5 - 16x^4 - 48x^3 + 57x^2 - 4x - 6 = 0$); 2. Aequationem mutatam resolvit per aliquot numeros (4. 5. 6. 7.) sed tales, qui pro quantitate incognita substituti relinquunt numeros positivos (1914. 13524. 48678. 132756); 3. Facta haec resolvit in suos factores et a seriei primae singulis terminis subtrahit 0, in secunda quadratum 1, in tertia quadratum binarii 4, in quarta quadratum ternarii 9 etc.

1914	F.	1	(2)	3	6	11	22	(29)	33	58	66 etc.
13524	F.	3	4	6	7	12	14	21	23	28	42	46	92 etc.

1 1 1 1 1 1 1 1 1 1 1 1

2 3 5 (6) 11 13 20 22 27 (41) 45 91

48678 F. 6 7 14 19 21 38 42 57 61 122 etc.

4 4 4 4 4 4 4 4 4 4

2 3 (10) 15 17 34 38 (53) 57 118

132756 F. 13 23 26 37 39 46 52 69 74 78 92 etc.

9 9 9 9 9 9 9 9 9 9 9

4 (14) 17 28 30 37 43 60 (65) 69 83

4. Ex seriebus residuis excerpit progressiones Arithmeticas, in quibus terminorum differentia major 1, nempe

2 6 10 14 differ. 4

29 41 53 65 „ 12

33 45 57 69 „ 12

5. Inde format aequationes quadraticas, quarum ultimi termini sunt termini primi progressionales, quantitates vero cognitae secundi termini differentiae terminorum progressionalium:

5 *

$$x^2 - 4x + 2 = 0$$
$$x^2 - 12x + 29 = 0$$
$$x^2 - 12x + 33 = 0$$

6. Ex his aequationibus extrahit radices $(2 + \sqrt{2}$ et $2 - \sqrt{2}$, $6 + \sqrt{7}$ et $6 - \sqrt{7}$, $6 + \sqrt{3}$ et $6 - \sqrt{3})$, et ab iis subtrahit numerum (4), per quem prima facta est resolutio: residuas dicit esse radices desideratas $(-2 + \sqrt{2}, -2 - \sqrt{2}, 2 + \sqrt{7}, 2 - \sqrt{7}, 2 + \sqrt{3}, 2 - \sqrt{3})$.

Ex altero tamen ipsius exemplo colligitur, ipsum hanc regulam non stricte observare in omni casu. Aequationem resolvendam $x^6 - 12x^5 + 47x^4 - 56x^3 - 41x^2 + 100x - 23 = 0$ mutat in hanc $x^6 + 12x^5 + 47x^4 + 56x^3 - 41x^2 - 100x - 23 = 0$, eamque resolvit per 1. 2. 3, ut relinquantur facta -48, $+1261$ et $+8272$, quae una cum termino ultimo -23 resolvit in factores et subtractione debita peracta,

```
   23  F. (1) 23

   48  F. 1  2  3  4  6  8  12  16  24  48
          1  1  1  1  1  1   1   1   1   1
          ─────────────────────────────────
          0  1  2  3 (5) 7  11  15  23  47

 1261  F. 13  97
           4   4
          ──────────
          (9)  93

 8272  F. 11  16  22  44  47  88  94  176  etc.
           9   9   9   9   9   9   9    9
          ────────────────────────────────────
           2   7 (13) 35  38  79  85  167
```

inde elicit progressionem 1. 5. 9. 13, ubi terminorum differentia 4, quae suppeditat aequationem $x^2 - 4x + 1 = 0$, per quam dividit resolvendam $x^6 - 12x^5 + 47x^4 - 56x^3 - 41x^2 + 100x - 23 = 0$, ut prodeat $x^4 - 8x^3 + 14x^2 + 8x - 23 = 0$. Hanc tanquam quadraticam considerat et ex ea addita unitate utrinque extrahit radicem quadratam $x^2 - 4x - 1 = \sqrt{24}$, unde ulterius elicit radices quadraticas $2 + \sqrt{2} + \sqrt{3}$ et $2 - \sqrt{2} - \sqrt{3}$, item $2 + \sqrt{2} - \sqrt{3}$ et $2 - \sqrt{2} + \sqrt{3}$. Ex aequatione vero $x^2 - 4x + 1 = 0$ extrahit similiter radices binomias $2 + \sqrt{3}$ et $2 - \sqrt{3}$. Sic radices ait esse inventas, quia nimirum resolutio prima facta est per 1. Regulae hujus inventor Halke ait, Meisnerum im S t e r n u n d K e r n d e r A l g e b r a (cujus libri spes mihi quoque facta est) non multo dissimilem proposuisse regulam, sed quae insigni aliqua praerogativa gaudeat prae sua, et illius demonstrationem promittit in d e r d r e y - f a c h e n S c h n u r, quod scriptum an prodierit nondum constat. Si ipse liber desideretur, copiam ejus facturus sum. Ceterum constanter futurus etc.

Halae d. 22 Jan. 1707.

XXI.

Leibniz an Wolf.

Regula Halkii non nisi particularis esse potest et propria iis aequationibus altioribus quae deprimi possunt, et ex quadraticis aequationibus in se invicem ductis producuntur. Itaque ad id quod quaero non servit. Et idem per Huddenianas regulas obtineri potest. Si tamen vel in hoc casu satis apta et generalis esset, laudem mereretur. Vereri facit, quam ipse observasti, variatio. Noto, si aequationem datam $0 = x^6 - 4x^5 - 16x^4 + 48x^3 + 57x^2 + 4x - 6$ mutes ut jubetur, idem fore ac si facias $x = -z$, et fiet $0 = z^6 + 4z^5 - 16z^4 - 48z^3 + 57z^2 - 4z - 6$. Sit deinde $y = x + 4$, et tres aequationes ab Halkio assignatae scribantur secundum incognitam y, erunt $yy - 4y + 2 = 0$, $yy - 12y + 29 = 0$, $yy - 12y + 33 = 0$. His positis observo, si pro y substituatur valor $x + 4$, prodituras ex his tribus has sequentes $xx + 4x + 2 = 0$, $xx - 4x - 3 = 0$, $xx - 4x + 1 = 0$, quae sunt tres aequationes

quaesitae, quibus in se invicem ductis prodit aequatio initio data.
Hinc si quis porro inquirat, putem aditum ad originem regulae
reperiri posse, si modo aliquid solidi ipsi inest, neque ad speciem
tantum exemplis jam notis accommodata, ut non raro ab Arithmeticis
minorum gentium fieri solet. Si saltem in multis succederet, posset
fortasse prodesse sub quadam limitatione.

Pro eleganti et docto Programmate Tuo gratias ago. Quaedam annoto, pace Tua. Ad pag. 3: credo Veteres et ad Geometrica aliquid Algebrae simile applicasse, etsi dissimularint. Vieta
jam ante Cartesium Algebram ad quaestiones 'pure geometricas
resolvendas adhibuit, hoc satis ostendunt ejus Sectiones Angulares.
Backerus, la Hire, Ozannam parum aut nihil ad constructiones
contulere; minutula sunt et exigui usus quae de constructionibus aequationum solidarum per parabolam afferunt, cum et facillime inveniri potuerint, ego vix talibus chartam implessem, quae
isti hic dedere. Incomparabiliter praestantiora Slusius adhibuit,
cujus artes Parisiis Ozannamo miranti ostendi. Ad pag. 4 noto,
principium meum de Circulis osculantibus Linearum Conicarum,
quas in vertice osculantur, succedaneis Davidi Gregorio integri libelli dioptrici materiam dedisse, etsi me dissimularit. Ad pag. 5:
circa leges virium in Astronomicis Dav. Gregorius tantum repetiit
Newtono dicta. Leges virium centrifugarum Hugenio, non Hospitalio debentur. Nec Varignonium et multo minus Parentium (qui
semper novitates jactat) circa leges motus generales aut frictiones
machinarum aliquid admodum singulare praestitisse puto. Circa
Leges propagati luminis majora Hugenio quam mihi debentur.
Ad pag. 6: Pardiesius cum aliquid audisset de Hugeniana propaga-
tione luminis per undas, praevenire eum speravit, sed frustra, nam
profundiora erant Hugeniana, quam ut Pardiesius ea divinare posset, ut satis ex Angonis Optica patet, qui posthuma Pardiesii dedit.
Microscopiorum globularium usum Leewenhoekius egregie promovit,
quem Muschenbroek est imitatus; nescio an hic aliquid insigne a
Bonanno (?). Hugenius et Reita et Divinus et Campanus et Borellus

egregios Tubos construxere, sed Hookius, Newtonus et Hartsoekerus
quod sciam tantum spem fecere. Ad pag. 7: Du. de Tschirnhaus
observationes quas memoras communicari optarem. Observatores
egregii Hevelius, Hugenius, Cassinius, Horroxius, Piccartus, Flam-
stedius, Römerus, Kirchius, la Hirius, addes et Blanchinum. Circa
instrumenta promisit multa, sed vix quicquam praestitit Hautefeuille,
ne Hookius quidem spei respondit. Ad pag. 8: Bullialdus, Paganus
et Wardus conati sunt rem Ellipticam revocare ad circulos, non
optime. Vereor ut sextus ordo Sturmii nomen inveniat. Ad pag. 9:
non puto machinas Veterum bellicas nobis esse valde ignotas. De
Frictione aestimanda non primus Parentius. Ego ipse eam rem
alicubi attigi, alii alias.

XXII.
Wolf au Leibniz.

Cum ex litteris Dn. Hofmanni his diebus intellexerim, Excellentiam Vestram Berolini commorari, nec quae sub initium hujus
anni Hannoveram per amicum misi Elementa Aërometriae in usum
. . . . . . Physicae a me edita, sed (quod denuo doleo!) ob absentiam
meam vitiosissime impressa, adeo accipere potuisse, cum iis vero
una miserim recensionem Historiae Academicae Regiae Scientiarum
A. 1707, quam Dn. Menckenius mensi Martio inseri lubenter vellet;
ideo in praesentibus litteris memoratam relationem denuo communicare volui, ut hora subcisiva eandem perlegere et si quae
notanda occurrant, eidem adjicere non dignetur. Praeterita hebdomade per studiosum quendam ab amico quodam Baruthi degente,
sed ne nomine quidem adhuc noto oblata est schedula, in qua
mihi dubia quaedam solvenda proponebat ipsi occasione cujusdam
schediasmatis ab E. V. Actis Lipsiensibus inserti enata. Quaerebat

scilicet, unde constet (quod E. V. a se primum detectum affirmet) $\int \frac{dx}{x^2 + 1}$ pendere a quadratura circuli, et quomodo inde series pro circuli $\frac{1}{1} - \frac{1}{3} + \frac{1}{5} - \frac{1}{7}$ etc. deducatur. Cum igitur variis modis formulam istam ex circulo elicere tentassem, tandemque in geminam (ut mihi videtur) viam incidissem, sequentia respondi. Dixi, $dx : (x^2 + 1)$ esse differentialem sectoris circuli, cujus dimidii arcus tangens sit x, radius vero 1. Si enim fuerit (fig. 3) tangens arcus dimidii $AB = x$, radius $AC = a$, fore tangentem arcus dupli $AD = \frac{2aax}{aa - xx}$, unde reperiatur secans $DC = a^2 + ax^2, :, aa - xx$ et hinc porro $DE = 2ax^2, :, aa - xx$; jam cum sit $DC : DA = EC : EF$, inveniri sinum $EF = 2a^2x :, a^2 + x^2$. Porro per theorema Pythagoricum elici Sinum complementi $FC = a^2 - ax^2, :, aa + xx$, et hinc tandem Sinum versum $AF = 2ax^2 :, a^2 + x^2$. Jam si differentialium ipsarum AF et EF, nempe $\frac{2a^4dx - 2a^2x^2dx}{(a^2 + x^2)^2}$ et $\frac{4a^3xdx}{(a^2 + x^2)^2}$ quadrata colligantur in unam summam $\frac{4a^8dx^2 + 8a^6x^2dx^2 + 4a^4x^4dx^2}{(a^2 + x^2)^4}$ et ex ea extrahatur radix $\frac{2a^3dx}{a^2 + x^2}$, fore eam differentialem arcus AE, quae ducta in $\frac{a}{2}$ seu semiradium producat differentialem sectoris circularis $ACE = a^2dx :, a^2 + x^2$. Quodsi jam ponatur $a = 1$, fore idem elementum sectoris circularis $dx : (1 + x)$. Patere adeo $\int dx : (x^2 + 1)$ pendere a quadratura circuli. Si ergo porro $1 : (1 + x^2)$ vel more Mercatoris per communem divisionem in seriem resolvat, reperiri $dx : (x^2 + 1) = dx - x^2dx + x^4dx - x^6dx + x^8dx - x^{10}dx$ etc., cujus integralis $x - \frac{x^3}{3} + \frac{x^5}{5} - \frac{x^7}{7} + \frac{x^9}{9} - \frac{x^{11}}{11}$ etc. exprimat aream sectoris, cujus arcus dimidii tangens sit x. Jam quamprimum tangens AB aequalis fiat radio BC, sectorem degenerari in quadrantem circuli tumque ex hypothesi assumta evadere $x = 1$, consequenter aream quadrantis $= 1 - \frac{1}{3} + \frac{1}{5} - \frac{1}{7} + \frac{1}{9} - \frac{1}{11}$ etc. Gratum faciet E. V., ubi corrigere dignata fuerit, si quae in hac responsione non rite se habeant: ego autem constanter futurus etc.

Dabam Halae Saxonum d. 29 Jan. 1707.

P. S. Cum in aerario Academico nunc supersint 200 thaleri, quae per favorem aulae in augmentum salaris cedent uni ex ordine Professorio; scripsi nuper ad Dn. de Danckelman, ut mei Patronum ageret coram Rege: qui etsi aliqualem spem fecerit, credo tamen ut votis meis prorsus annuat, per commendationem Excellentiae Vestrae facile effici posse.

XXIII.

Wolf an Leibniz.

Nullus dubito, quin I. E. V. litteras meas una cum Programmate Lectionibus publicis praemisso acceperit, in quibus nominavi Autorem regulae universalis pro extrahenda radice ex aequatione quacunque. Copiam libri faciet amicus meus Hoenischius ex Silesia propediem redux, qui eundem nactus est. Mihi accuratius in regulae fundamentum inquirenti visus est Autor ex quibusdam exemplis (quoad radices irrationales) eam deduxisse, in quibus radices aequationis jam ante constabant, tanquam arbitrario assumtae; minime autem promiscue omnibus aequationibus applicari posse judico. Cum in Lectionibus publicis per aestatem Hydraulicam interpretari constituerim, calculum Analyticum ad problematum quorundam Hydraulicorum solutionem applicare · libuit, in quorum solutione duo lemmata suppono, alterum ex Mariotto, alterum ex Commentariis Academiae Scientiarum.

Lemma 1. Si nulla spectetur resistentia tuborum fuerintque diametri eorundem aequales, quantitates aquae per eos effluentis sunt in ratione duplicata altitudinum; si altitudines fuerint aequales, in ratione duplicata diametrorum; si nec altitudines, nec diametri aequales, in ratione composita duplicatae altitudinum et duplicatae diametrorum.

Lemma 2. Resistentiae, quas aqua per canales fluens experitur, consequenter diminutiones aquae effluentis, sunt in ratione superficierum.

Scholion. Equidem non ignoro, Mariottum quoque diminutionem aquae effluentis ab affrictu in orificio tubi facto et resistentia aëris externi petere; cum vero ipse fateatur, has causas esse admodum irregulares, nec multum mutationis inducere, eas in praesente non considerabo.

Problema 1. Datur longitudo canalis cujusdam; quaeritur quanta esse debeat longitudo alterius eandem cum priore diametrum habentis eandemque aquae quantitatem eodem tempore effuudentis.

Sit altitudo unius canalis a, alterius x, aqua effluens ex uno y, erit per Lem. 1. $aa \cdot xx :: y \cdot \dfrac{yxx}{aa} =$ quant. aquae per tubum alterum effluentis. Sit imminutio aquae in Tubo uno $\dfrac{y}{n}$, erit vi Lem. 2. $a \cdot x :: \dfrac{y}{n} \cdot \dfrac{xy}{an} =$ diminut. aquae in tubo altero. Quare $y - \dfrac{y}{n} = \dfrac{yxx}{aa} - \dfrac{yx}{an}$; reductione facta, reperietur $x = \dfrac{a}{2n} + \sqrt{aa - \dfrac{aa}{n} + \dfrac{aa}{4nn}}$. Quodsi desideretur, ut ex Tubo altero effluat multiplum vel submultiplum aquae ex dato uno effluentis, erit $my - \dfrac{my}{n} = \dfrac{yxx}{aa} - \dfrac{yx}{an}$; reductioue facta reperietur $x = \dfrac{a}{2n} + \sqrt{maa + \dfrac{aa}{4nn} - \dfrac{maa}{n}}$.

Problema 2. Dantur diametri duorum canalium una cum unius longitudine; quaeritur quanta sit alterius altitudo, ut aequali tempore aequalis quantitas aquae per utrumque effluat.

Sit diameter unius a, alterius b, altitudo unius d, alterius x, quantitas aquae ex uno effluens y, reperietur quantitas aquae ex altero effluentis $\frac{bbyxx}{aadd}$, et posita diminutione aquae in Tubo uno $\frac{y}{n}$, diminutio aquae in Tubo altero $\frac{byx}{adn}$, ut adeo sit

$$y - \frac{y}{n} = \frac{bbyxx}{aadd} - \frac{byx}{adn};\ \text{reductione facta, reperietur}\ x = \frac{ad}{2nb}$$

$$+ \sqrt{\frac{aadd}{bb} + \frac{aadd}{4nnbb} - \frac{aadd}{nbb}}.\ \text{Quodsi desideretur, ut ex Tubo}$$

uno effluat mutiplum aquae ex altero effluentis seu submultiplum,

erit $my - \frac{my}{n} = \frac{bbyxx}{aadd} - \frac{byx}{adn}$, reperietur $x = \frac{ad}{2nb}$

$$+ \sqrt{\frac{maadd}{bb} + \frac{aadd}{4nnbb} - \frac{maadd}{nbb}}.$$

Problema 3. Dantur altitudines duorum canalium una cum diametro unius; quaeritur quanta sit diameter alterius, ut aequali tempore aequalis aquae quantitas per utrumque effluat.

Sit altitudo unius a, alterius b, diameter unius d, alterius x, denuo reperietur $x = \frac{ad}{2nb} + \sqrt{\frac{aadd}{bb} + \frac{aadd}{4nnbb} - \frac{aadd}{nbb}}.$

Problema 4. Data diametro unius canalis, invenire alios quotcunque minores isti longitudine aequales, per quos eodem tempore eadem quantitas aquae effluat, quae per majorem effluit.

Sit diam. maj. a, diameter unius ex minoribus x, numerus minorum p, quantitas aquae ex majore effluens y, erit $y - \frac{y}{n}$

$$= \frac{pyxx}{aa} - \frac{pxy}{an};\ \text{reperietur}\ x = \frac{a}{2n} + \sqrt{\frac{aa}{p} + \frac{aa}{4nn} - \frac{aa}{pn}},\ \text{vel}$$

si multiplum desideretur $x = \frac{a}{2n} + \sqrt{\frac{maa}{p} + \frac{aa}{4nn} - \frac{maa}{pn}}.$

Problema 5. Datur diameter unius canalis cum longitudine ejus; determinare longitudines aliorum quotcunque eandem diametrum habentium et eandem aquae quantitatem aequali tempore cum dato effundentium.

Sit diameter can. a, long. can. max. b, minimi x, different. long. d. Crescant longitudines in ratione Arithmetica, erit ultimi $x + md - d$, posito numero canalium m. Sit quantitas aquae effluentis ex maximo y, erit quantitas aquae effluentis ex reliquis $\frac{y}{bb} \times mxx + dx \times \overline{2+4+6+8+}$ etc. $+ dd \times \overline{1+4+9+16}$ etc.

Sit imminutio aquae in maximo $\frac{y}{n}$, erit diminutio aquae in reliquis simul sumtis $\frac{myx}{bn} + \frac{mmdy}{2bn} - \frac{mdy}{2bn}$; quare $y - \frac{y}{n}$

$= \frac{y}{bb}$, $mxx + dx \times, 2 + 4 + 6 + 8$ etc. $+ dd \times, 1 + 4 + 9 + 16$ etc.

$- \frac{myx}{bn} - \frac{mmdy}{2bn} + \frac{mdy}{2bn}$, reperietur $x = d \times \overline{1 + 2 + 3 + 4}$ etc.

$- \frac{mb}{2n} + \sqrt{ d \times \overline{1 + 2 + 3 + 4} \text{ etc.} - \frac{mb^2}{2n} + \frac{bb}{m} - \frac{bb}{mn} - \frac{dd}{m} \times \overline{1 + 4 + 9 + 16} \text{ etc.} + \frac{mbd}{2n} - \frac{bd}{2n}}$.

Cum nuper Status convenissent, statutum mihi est salarium ducentorum thalerorum, immediate ex ipsorum aerario ab auspicio Professionis solvendum. Caeterum cum Sturmianos libellos scopo meo in collegiis non satis idoneos judicem, ipse de conscribendo compendio aliquo Mathematico in usum Auditorum meorum meditor, in quo omnium disciplinarum palmarias praxes cum debitis theoriis clare ac perspicue exponam, Matheseos applicationem ad disciplinas Philosophicas reliquas et usum vitae humanae constanter commonstrem, et quae ex Mathesi pro cultura ingenii petere licet, ubique fideliter annotem. Sub finem Analyseos utriusque compendium addam, in quo per omnes disciplinas iturus ostendam, quomodo ejus ope, jactis levibus fundamentis, ad altiora progredi detur. Gratum erit cognoscere, num E. V. talem laborem necessarium judicet et quid ipsamet de forma talis compendii statuat. etc.

Dabam Halae d. 20 Maji 1707.

XXIV.
Wolf an Leibniz.

Litterae E. V. praeterlapso die Jovis ad me fuerunt allatae Merseburgo; quare nunc demum respondere datur. Hofmannus noster jam sibi satisfactum credit per experimentum, de quo nuper coram dixit, nullo alio opus judicet. Semel assertis pertinaciter inhaeret. Finito jam Pro-Rectoratu de Urinae specifica gravitate et pulsus celeritate se observationes consignaturum ait; sed vellem ego, ut ne memoriae omnia tribueret, quam tantum non quotidie infidam experitur. Fortassis nec fructu careret, si suas de pulsu observationes cum observationibus Abercrombii de variatione pulsus Londini 1685 editis conferret. Sed talia ipsum monere non audeo, cum aliorum labores spernat, per quos ipsemet profecit, ne per eos profecisse videatur: quemadmodum jam me praesente pro suo invento jactitare nullus dubitat, febrim esse affectum generis nervosi, quod tamen ex I. E. V. auditum cum primus ipsi referrem, falsum pronunciare non verebatur. Ego per aliquot hebdomades ope microscopiorum Muschenbroekianorum aliorumque magis adhuc exactorum tum ad lucem Solis primam et secundam, tum ad lumen lunae atque candelae vapores in aëre agitatos observavi: unde multa theoriam vaporum explanantia consequuntur. Observationes ea cum circumspectione institui, ut ex ipsis historicae relationis earundem circumstantiis colligi possit, omnem abesse visus fallaciam. In singulis casibus per 16 lentes gradu inter se differentes observationes reiteravi, inter quas minima vix milii granulum adaequat et institutas extemplo consignavi, sed integras ob prolixitatem litteris inserere non licet. Dicam in compendio, quae observata sint. Semper in aëre deprehenduntur globuli et tubuli. Globuli vel ex asse pellucidi sunt, vel nonnisi pellucidum habent nucleum, eumque exiguum, zona latiore ac obscuriore cincti, quam extus zona alia contractior et magis perspicua ambit. Duplicem hanc differentiam ipsi etiam tubuli admittunt. Sed utrumque tubulorum genus aut insertos habet hinc inde globulos plerumque pellucidos, rarissime compositos, aut nullis globulis interstinctum. Praeterea situs tubulorum vel ad Horizontem parallelus, vel perpendicularis. Constanter vero varie inflexos et in miros gyros contortos deprehendi. Illud quoque notatu dignum, quod circa candelam nonnisi globulorum compositorum congeriem, rarissime globulos pellucidos intra flammam agitatos observaverim. Ast multo magis notatu dignum existit, quod nudis etiam oculis vapores in aëre volitantes observare liceat. Geminam hactenus expertus sum methodum. Una in vulgus nota et ideo insuper mihi habita, inprimis cum ad certum unice tempus restringatur. Una intra paucos admodum dies animadversa semper succedit et pleraque detegit, quae microscopiis pervia existunt. Majore tamen industria observationes per eam instituendae et accurate annotandae sunt, antequam plura de eadem dicam.

Novorum librorum nihil ad me perlatum, excepto compendio Matheseos Universae Sturmiano, quod nonnisi maxime vulgaria continet eaque non satis accurate tradita. Multa ex parentis Mathesi Juvenili transscribuntur. Praefationes duae, quas promittit Autor, ipsius animi interiora sensa manifestant, in Mathesi profectus candide exponunt, affectum dominantem palam faciunt. Unum pro reliquis notatu dignum, quod, cum ingenue fateatur, se Opticam scientiam, quia non est de pane lucrando, semper hucusque neglexisse, Mathematicos tamen carpat, quod demonstrationes opticas juxta rigorem Geometricum concipiant, quoniam rigor demonstrandi Geometricus perperam adhibeatur, ubi natura in effectibus producendis eum non observat. Ipse igitur illis praefert, quae per nudum schematismorum delineatorum intuitum, facta, si opus fuerit, instrumentorum Geometricorum applicatione, addiscere licet. Paucula illa praecepta, quae parens ipsius in Mathesi Enucleata de Algebra tradit, exscribit cum nonnullis aequationum simplicium et

quadraticarum exemplis, et multum gloriatur, quod duo ipsemet
proprio Marte invenerit.

Halae d. 3 Jul. 1707.

XXV.

Leibniz an Wolf.

Quae de globulis et tubulis in aëre volitantibus habes, valde
probo. Et licet non possent animadverti oculis, tamen ratione
colligentur. Fluida ex partibus flexilibus et quasi membranulis
persaepe constare easque persaepe cavas esse, et alia fluida sub-
tiliora continere, naturae ipsorum consentaneum est. Habent enim
semper aliquid tenacitatis. Itaque olim bulbulis usus sum in
ratiocinando, quae non semper sunt rotundae, nec semper ubique
clausae: sufficit foramina esse arctiora, quam ut inclusum facile
exire possit. Et fieri potest, ut inclusum frigidiore tempore facilius
exeat, quam calido, si inclusum calore intumescit: aut ut contra
facilius exeat calido si includens calore diducatur. Si certas reddere potes observationes Tuas, poteris amplum habere campum
eas variandi, observando scilicet vapores non tantum temere in
aëre volantes, sed etiam ex corporibus prodeuntes vel per se vel
calore aut alio adjumento. Id serviet ad melius cognoscendas corporum emitteutium particulas.

Suaserim ut celeberrimo Dno. Hofmanno nostro demonstres
experimentum quale jam proponam. Est enim simplicissimum
et facile ejus praejudium absterget. Sumi poterit Tubus vitreus
capax et longiusculus quantum haberi poterit ad manus, uno
extremo apertus, altero clausus. Is aqua impleatur, et plumbum
vel globi vel potius cylindri forma in eo demittatur, quod panni
vel corii frustulo muniri poterit, ne impetu suo fundum vitri fran-
gat. Cylindrum talem manu formare licet plumbi laminam con-

volvendo; porro antequam immittatur plumbum, Tubus aqua plenus librae bilancis uni lateri appendatur, alteri lanci imponatur pondus aequale. Tum immisso plumbo res ipsa monstrabit, aequilibrium parum mutari durante descensu (nisi quantum aqua nonnihil resistit et impetum aliquem a descensu impressum recipit), donec plumbum ad fundum perveniat. Manifestum autem est, si plumbum initio appensum fuisset vitro (quod perinde est ac si in eo ope alterius corporis sustinentis natasset), aequilibrium valde fuisse immutaturum, non minus ac tunc facit, cum fundum attingit. Ita intentum consequimur, sine machinamento innatantis et mox fundum petenti s.

XXVI.
Wolf an Leibniz.

Quin E. V. litteras meas, in quibus de quibusdam vaporum observationibus scripsi, acceperit, nullus dubito. Sine microscopiis illi observantur, si per exiguum foraminulum ope acus in charta efformatum versus aërem liberum aut candelam accensam respiciatur. Varia meditatus sum circa aequationes curvarum ex quadraturis datis eruendis, ubi duplicem deprehendi casum. Aut enim problema est determinatum, ex. gr. si detur $\frac{1}{2}x^{\frac{1}{2}}$, aut indeterminatum, ex. gr. si detur $\frac{m}{n}xy$. Ast ea jamdudum ab aliis exposita satis arbitror. Praeterea inveni regulam, ex qua punctum O (fig. 4) determinare licet, in quo recta EO cum Tangente TM ex dato puncto E parallela ducta Curvae occurrit. Scilicet puncti O determinatio a quantitate rectae AR tota pendet. Haec vero inveniri potest, quia pervenire datur ad aequationem, applicatae OR valorem bis inveniendo, nempe ex similitudine $\triangle\triangle$ EOR et TMP, et ex data per naturam Curvae ratione Potentiarum PM et OR. Ex. gr. sit in Parabola AP = x, AR = v, EA = b, erit TP = 2x, PM = $\sqrt{ax}$, $\overline{OR}^2$=av, et propter $\triangle\triangle$ similitudinem TP(2x) . PM($\sqrt{ax}$) :: ER(b+v).

$OR = \dfrac{b\sqrt{ax}+v\sqrt{ax}}{2x}$. Habetur itaque 4vx = bb+2bv+vv. Unde valor ipsius v non amplius latere potest.

Videbatur mihi quoque in promptu esse regula, data quadratura ex Curva data resecandi segmentum OMS, quod habeat ad Curvae aream rationem datam. Etenim ob datam quadraturam et rationem segmenti OMS ad aream Curvae datur valor Trapezii AOSQ. Sed idem resolvitur in trilinea AOR, OSW et OQ, quae, posita AR = v, singula nominetenus dantur. De spatiis OSW et OQ satis constat, nec minus manifestum est, data quadratura Curvae indefinita dari etiam quadraturam spatii OSW. Pervenitur itaque ad aequationem, in qua nulla est incognita praeter v. Eam tamen talem non deprehendi, ut simplicem puncti O determinationem exhiberet.

Incidit hisce diebus in manus meas Papini Ars nova ad aquam ignis adminiculo efficacissime elevandam. Describit machinam, qualem jam ante dedit Savery Anglus, sed quam Saveriana praestantiorem judicat. An vero eum in praxi habitura sit usum, quem ille intendit, de eo valde dubito. Descriptionem ejus exactam Lipsiam misi, ut Actis inseratur.

Pervenerunt quoque ad me Cluveri Disquisitiones Philosophicae, quarum singulae plagulae singulis anni praeteriti hebdomadibus sub titulo: Historische Anmerkungen über die nützlichsten Sachen der Welt, editae. In iis Mathematica nonnulla habentur, sed pleraque admodum obscura. Invebitur in calculum differentialem, et suam praedicat Analysin infinitorum similium, quam in rationum compositione ac divisione consistere ait, aequationibus multum praestante. Video in Actis Lipsiensibus dudum hujus Analyseos principia promissa esse, nec tamen rescire licuit, num ab Autore unquam edita fuerint. Quaedam ipsius theoremata per

G

Analysin communem erui, eamque satis brevem ob artificium quoddam in reductione observatum, ab omnibus Analystis in casibus
similibus dudum usurpatum. Reliqua quin similiter per vulgarem
Analysin exerceri queant, non dubito. Methodos Tangentium receptas carpit, quod in iis non simul secantium, istis ad angulos
rectos insistentium, habeatur ratio. Singularia quaedam habet de
primis notionibus Metaphysicis ex numerorum Scientia eruendis.
Dabam Halae d. 24 Jul. 1707.

XXVII.
Leibniz an Wolf.

Non satis intelligo, qualesnam velis aequationes eruere ex
datis quadraturis. Res applicanda esset exemplo alicujus problematis.

Problema Tangentium est quodammodo casus problematis
rectae quae curvae bis vel etiam pluries occurrat. Nam cum
puncta concursus coincidunt, recta fit tangens. Et hac Methodo
usus est Cartesius, ita enim fiunt radices aequales. Caeterum
problema inveniendi puncta, quibus recta datae Tangenti parallela
occurrat curvae, sic etiam proponi poterit: A curva data ABC ab-
scindere arcum talem DBE per rectam FG ex dato puncto F educ-
tam, ut sagitta BH (seu maxima latitudo segmenti DBED) cadat in
punctum curvae datum B. Nam patet rectam FE tantum esse debere tangenti in B parallelam. Problema autem Tuum ad hoc
reducitur: Inveniri puncta D, E, quibus recta data FG occurrat
curvae; nam FG parallela tangenti datae, transiens per punctum
datum F, est data. Quae de abscindendo segmento datae ad
aream curvae generaliter quadrabilem rationis habes, dubitatione
carent.

Cluverius doctrina et ingenio non caret, sed interdum mire sibi indulget, vel singularitate sententiarum, vel etiam sesquipedalibus verbis in rebus parvi momenti. Si tangentes habemus, facile etiam secantes ad angulos rectos habebimus, mirumque est quod peculiarem in ea re difficultatem collocat. Vale.

XXVIII.
Wolf an Leibniz.

Quae nuper de natura Curvarum ex quadraturis eruenda scripsi, huc redeant. Sit ex. gr. invenienda aequatio curvam deliniens, cujus area $\dfrac{x^2 + a^2}{3}$, $\cdot\sqrt{xx + aa}$. Ejus differentialem $\frac{1}{3}x^3 dx$

$+ aaxdx, : \sqrt{xx + aa} + \frac{2}{3} xdx \sqrt{xx + aa}$ divido per dx, erit $\frac{1}{3}x^3 + a^2 x, :$

$\sqrt{x^2 + a^2} + \frac{2}{3}x\sqrt{x^2 + a^2} = y$, hoc est, $x^4 + a^2 xx = yy$, quae est aequatio quaesita. Exemplum hoc facile. Ceterum me fugit, utrum jam data sit a quoquam methodus in differentialibus tollendi quantitates irrationales, ut integrabiles evadant, necne. Mihi innotuit particularis, sed ad multos omnino casus accommodanda, cujus simplex admodum propono exemplum. Sit ex. gr. differentialis $dx \sqrt{xx + ax}$. Pono $x = \dfrac{zz}{2z + a}$ et rursus $2z + a = v$, indeque reperio $dx \sqrt{xx + ax} = \dfrac{vdv - 2aav^{-1}dv + 4a^4 v^{-3}dv}{4}$.

Quodsi cognovero, me non inanem operam sumere, eum ulterius excolere non pigebit etc.

Dabam Halae d. 31 Aug. 1707.

XXIX.

Wolf an Leibniz.

Mitto ex nundinis Lipsiensibus programma Germanicum, quod more nostro Hallensi Collegio Mathematico per hiemem habendo praemisi. Dn. Wagnerus, Excell. Vestrae non ignotus, hic commoratur et scriptum acerrimum contra Dni. Thomasii Tentamen de Spiritu edidit idiomate vernaculo consignatum. Miror vero, quod animam rationalem pro vi habeat ex combinatione plurium potentiarum materialium oriunda et in doctrina de Deo cum Spinosa sentiat, utut se eum nunquam vidisse affirmet. Caeterum cum hactenus in publicis Lectionibus Hydraulicam explicaverim, continuationem fluxus aquae per syphones a nemine eorum, quos evolvere licuit, rite demonstrari animadverti. Videor vero mihi veram invenisse demonstrationem huc redeuntem. Suppono 1. gravitatem atmosphaerae esse vim determinatam adeoque et producere effectum determinatum, vim ex. gr. imprimendo aquae ad altitudinem 31' ascendendi. 2. Vim impressam decrescere in ratione partium spatii, per qnod ascendit, ita ut, si aqua ad altitudinem 11' ascenderit, restet adhuc vis ad 20' ascendendi. 3. Aquam, dum delabitur, acquirere vim reascendendi ad eam altitudinem, a qua descendit. Ponamus itaque syphonis crus minus esse 11' altum. Aqua igitur cum polleat vi ad altitudinem 31' ascendendi per supp. 1, ubi ad summitatem cruris minoris pervenit, praedita adhuc est vi ascendendi ad 20' altitudinem per supp. 2. Jam cum ad orificium cruris longioris atmosphaerae gravitate sua resistat, quae aequipollet vi, per quam aqua ad 31' altitudinem ascendere valet per suppos. 1, ut resistentia superetur, per altitudinem 11' paulo majorem aqua adhuc descendere debet per suppos. 3. Quare cum crus majus superet minus, aqua per syphonem continuo fluit. Ex his principiis optime reddere licet rationem, cur si aqua per attractionem elevetur ex vase A in B (fig. 5), altitudo tubi CD,

per quem aqua ex vase C defluit, aequari debeat altitudini tubi
AB: immo aliarum quoque machinarum hydraulicarum, quarum
effectus insufficienter vulgo demonstrantur.
Halae Saxonum d. 11 Oct. 1707.

XXX.

Wolf an Leibniz.

Quod responsionem diutius distulerim, quam par erat, non
in malam partem interpretabitur Excellentia Vestra. Causa fuit,
quod structuram mobilis alicujus perpetui mihi adinvenisse videar,
cumque in demonstratione nullum deprehendere queam paralogismum et nactus sim nonneminem in machinarum ideis elaborandis
optime versatum, nunc demum scribere decreveram, ubi idea perfecta successum ad oculos demonstraret. Enimvero cum vix spes
supersit, ut ante festum Nativitatis Christi machina absolvatur,
propositum meum mutandum esse censui.

Quod itaque Dn. Schurtzfleischium attinet, totum illi salarium
B. Cellarii oblatum fuit: neque enim id fuit nisi 400 thalerorum.
Hofmannus de Academia nostra magnifica mihi loquebatur, quae
alia prorsus deprehendo, postquam ejus statum intimius introspi-
cere datum. Experimentum controversum ipse instituere non vult,
nec mecum communicare cupit idonea quae possidet instrumenta.
Equidem ipse globum cereum aliquot drachmarum addita paucula
arena in aqua descendere feci, eandemque inter descensum in vitro sesquipedali gravitationem ad bilancem notavi, quam cum in
fundo quiesceret. Enimvero cum globus eandem fere cum aqua
gravitatem specificam obtineret adeoque vim insensibilem ad descendendum per demonstrationes hydrostaticas adhiberet, reperi omnino ex hoc experimento dirimi non posse, utrum corpora inter

descendendum gravitent, necne. Nempe quia saltem eam vim ad descendendum adhibet, qua fluidi gravitatem specificam superat, assumi debebat globus aquae gravitatem notabiliter superans. Ast tum deerat vitrum sufficientis longitudinis. Caeterum notabile est experimentum, quod Dn. Hofmannus his diebus in cane instituit, ad refellendam vim balsami Dippeliani in vulneribus lethalibus sanandis. Etenim clavum per totum caput ipsumque cerebrum adegit, ac per integrum horae quadrantem mensa affixum detinuit canem; vulnus tamen intra paucos dies sanatum, pauculo vini Rhenani nonnisi semel infuso, nec ullum in cane laesionis vestigium superest.

Cum nunc in lectionibus publicis hydrostaticam interpreter, generale commentus sum theorema, ex quo omnes propositiones hydrostaticae facillime eruuntur. Sit scilicet massa unius corporis P, alterius p; moles unius M, alterius m; densitas unius D, alterius d; erit $P . p :: MD . md$, adeoque $Pmd = pMD$. Unde deducitur $M . m :: Pd . pD$. Sit jam ulterius densitas unius fluidi F, alterius f; pars ponderis a corpore P in fluido F amissa A, pars ponderis corporis p in fluido f amissa a, erit

$$M . m :: Pd . pD$$
$$M . m :: Af . aF$$

adeoque $M^2apDF = m^2APdf$.   Q. e. i.

Quodsi enim hanc aequationem in analogias resolvo, totidem habentur theoremata casuum compositorum, ex quibus derivari possunt simpliciores, ponendo primos analogiae terminos aequales, donec tandem ad simplicissimum omnimodae scilicet aequalitatis perveniatur. Successum machinae meae referam, quam primum potero.

Dabam Halae d. 20 Nov. 1707.

XXXI.
Wolf an Leibniz.

Credo E. V. Manfredii de calculo integrali scriptum accepisse. Misit etiam ad me exemplar unum Dn. Menckenius, ut ejus in Actis mentionem facerem. Si quae igitur sint, quae in recensione libri moneri velit E. V., ut ea mihi perscribat est quod rogo. Caeterum quod modos attinet, quibus utuntur artifices ad diversas formas aquis salientibus induendas, de iis quaedam meditatus sum, cum praeterlapsa aestate Hydraulicam in lectionibus publicis interpretarer. Vidi autem omnia, quae hic fieri possunt, redire partim ad figuram et magnitudinem, partim ad situm luminum seu aperturarum per quas aqua prosilit. Aqua enim prorumpens luminum assumit figuram eorumque sequitur directionem. Si lumina circularia nec nimis exigua, aqua figuram assumit cylindricam; si circularia eaque valde exigua, pluviae subtilis (eines Staub-Regens) formam aemulatur; si linearia eaque recta protensa, veli expansi figuram induit; si linearia in gyros contorta, flammam fluctuantem repraesentat. En quasi Alphabetum Hydraulicum, quorum combinatio, accedente inprimis diverso situ, varios fontium ornatus parit.

Contra Varignonii Manometron dubia quaedam moveri ab E. V. memini. Alius mihi succurrit densitatem aëris aestimandi modus, qui iis, ni fallor, caret. Scilicet assumantur duo globi cuprei mole aequales, quorum interior cavitas $1\frac{1}{4}$ circiter pedem cubicum capiat. Ex uno educatur aër, eoque educto ipse globus contra novi accessum cum cura muniatur. Suspendantur hi globi ex communi jugo ac aequilibrentur. Evidens est, densitate aëris aucta globum apertum graviorem fieri, consequenter praeponderare. Erunt vero incrementa ponderis notabilia. Etenim cum pondus unius pedis cubici aërei sit $1\frac{1}{15}$ unciae, erit pondus aëris in globo contenti $1\frac{1}{2}$ circiter unciae, h. e. 3 L. Ergo si densitas augeatur parte una vigesima quarta, incrementum ponderis erit $\frac{1}{24}$ h. e. $\frac{1}{4}$ L. Si jam jugo affigatur semicirculus metallicus, poterit ita fieri divisio, ut index monstret, quanta sui parte aucta fuerit densitas aëris vel imminuta: quae ut clarius explicem non opus est.

Denique mentionem nuper injeci theorematis Hydrostatici generalis a me detecti. Quoniam vero id gravitationem corporum in fluidis specifice levioribus unice respiciebat, simile excogitavi pro gravitatione corporum specifice leviorum in fluidis specifice gravioribus.

Sit scilicet unius corporis alterius corporis

Massa $= G$	massa $= g$	$G.g::Md.md$
Moles $= M$	moles $= m$	erit $G.g::PF.pf.$
Densitas $= D$	densitas $= d$	
Pars fluido	pars fluido	Consequenter
immersa $= P$	immersa $= p$	$G^2 g^2 :: MDPF . mdpf$
cujus den-	cujus den-	adeoque $G^2 mdpf = g^2 MDPF.$
sitas $= F$	sitas $= f$	

Ex hoc theoremate non solum ernere licet, quidquid de gravitatione corporum in fluidis specifice gravioribus cogitari potest, sed non minus, quam theorema nuperum praesentissimi usus existit, quotiescunque hoc argumentum concernens quidpiam sciri desideratur. Ex. gr. quaeratur ratio partium immersarum, si duo corpora aequiponderantia eidem fluido specifice graviori immitantur. Quoniam est $G=g$ et $F=f$ per hypoth., erit $mdp = MDP$. Et quia quaeritur ratio ipsius P ad p, reperitur $P.p::md.MD$. Aliis theorematis usibus recensendis nunc supersedeo: id adhuc noto, me animadvertisse, quod hydrostatica non inelegantem suppeditet regulam ex duabus massis, quarum una tertia quadam specifice levior, altera specifice levior, componendi massam, quae sit dati ponderis et eandem cum tertia habeat gravitatem specificam, vel sit ad datam in data ratione. Quod superest, favori E. V. me commendo.

Dabam Halae d. 9 Febr. 1708.

XXXII.

Wolf an Leibniz.

Urget Dn. Menckenius recensionem scripti Manfrediani de constructione aequationum differentialium primi gradus, quia Autor petiit, ut eadem quantocyus Actis insereretur; eandem tamen inseri nolo, antequam intellexero, num I. E. V. quaedam sint, quae circa eruditum Autoris laborem moneri velit. Mearum igitur partium fuit efflagitare, ut I. E. V. mecum communicare velit, quae monenda duxerit.

Nuper ex me nonnemo per litteras quaesivit methodum dolia non plena dimetiendi, seu potius inveniendi soliditatem liquoris in dolio non pleno, quam Autores negligunt, qui de Geometria practica scribunt. Equidem geminam a Keplero descriptam reperio, alteram in editione Latina, alteram in Germanica Stereometriae Dolii Austriaci; sed quemadmodum prioris defectum in editione Germanica fol. 95 ipse agnoscit, ita valde vereor, ne et posteriorem in eundem cum priore censum referant Geometrae rigidiores, utut ille nimis confidenter fol. 86 pronunciat: ich wil erwarten, ob iemand mir den Grund hierzu umstossen oder einen gewissern fürbringen wolle. Utramque vero capacitati practicorum non satis respondere nimiumque intricata prolixitate taediosam esse fatebitur. Rem igitur ipse de ovo, quod ajunt, agressus facile vidi, totum negotium huc redire ut inveniantur segmenta couica per sectionem axi paralleliter factam prodeuntia, si assumatur (id quod vulgo assumi solet) dolia esse corpora ex duobus truncis conicis composita, vel segmenta conoidica aut sphaeroidica per similem sectionem orta, si vel cum Oughtredo truncorum Sphaeroidicorum, vel cum Keplero subinde Hyperbolicorum ac fusi parabolici, vel denique cum aliis Conoeidium Parabolicorum figuram aemulari dolia ponantur. Illorum igitur segmentorum cubationem investigaturus deprehendi, cubationem segmentorum conicorum haberi non posse, nisi per quadraturam hyperbolae, sive pro basi eorundem assumatur planum sectionis quae est hyperbola, sive segmentum circulare ex basi coni. Ast segmenta Conoidis Parabolici et Fusi Parabolici perfectam cubationem admittunt. Sit enim pro segmento Conoidis Parabolici ACD (fig. 6) parabola genitrix, cujus parameter r, FEGMF planum sectionis. Si fiat $AJ = a$, $JE = b$, $AD = x$, $DC = y$, erit $DJ = x - a$, $HC = y - b$ et ex natura Parabolae $JE = \sqrt{ar}$, $DC = \sqrt{rx}$, adeoque $FH^2 = BH \times HC = rx - ar = EH \times r$. Constat ergo sectionem esse parabolam, quae eandem cum generatrice parametrum habet, consequenter ejus aream $= \frac{2}{3}xy - \frac{2}{3}ay$, h. e. $\frac{2y^3}{3r}$

$- \frac{2ay^3}{3}$. Habemus adeo differentiale segmenti Conoidici FECGHF

$= \frac{2y^3 dy}{3r} - \frac{2ay\,dy}{3}$, unde obtinetur pro soliditate ejusdem $\frac{y^4}{6r}$

$- \frac{ay^2}{3} = \overline{yy - 2ar} \times \frac{1}{4}x = \overline{DC^2} - \overline{2DH^2}, \times \frac{1}{4}AD$. Jam in praxi doliorum datur DC, itemque DH et EH, sed non AD, quae ex proprietatibus Parabolae ita eruitur. Est nimirum Parameter

$= \frac{BH \times HC}{EH}$ et $x = \frac{yy}{r}$. Ergo $AD = \frac{\overline{DC^2} \times EH}{BH \times HC}$ *).

Dabam Halae d. 25 Mart. 1708.

XXXIII.

Leibniz an Wolf.

Percurri Manfredianum Opus, et doctum ingeniosumque reperi. Vellem mihi communicares recensionem Tuam, ita enim fortasse quod in rem videbitur monere possem: idemque utiliter fiet

---

*) Das Folgende ist unrichtig und wird deshalb ausgelassen. Vergl. den folgenden Brief Leibnizens.

in aliis hujusmodi scriptis, quae ad novam Analysin pertinent.
Cum enim mihi a multis annis exploratum sit, quid quisque prae-
stiterit, optime suum cuique tribuere possum, quod saepe non satis
fieri video.

De doliorum mensura in schedis meis reperio, Oughtredum
adhibuisse frusta Sphaeroidis oblongi, atque inde tale ipsi theorema enatum: duplicatam aream circuli maximi adde areae circuli
summi seu minimi, et quod provenit multiplica per tertiam partem
distantiae eorum, et habebis contentum. Sed reperi etiam ibidem
Caswellum quendam notasse, magis accedi ad veritatem, si adhibeatur fusum parabolicum, quod prodit rotatione Parabolae circa
ordinatam axi normalem. Nempe a Trilineo parabolico CDAC per
rectam axi CD parallelam EJ abscinde segmentum EJDCE, id rota-
tum circa basin DJ dabit fusi parabolici frustum, cujus soliditatem
Caswellus ita assignat, ut duplo circulo maximo (radio CD) addas
circulum minimum (radio EJ) et a summa detrahas duas quintas
circuli, cujus radius differentia sit inter CD et EJ, et quod superest multiplices per tertiam partem ipsius DJ. Sed ut verum fatear,
mallem rem examinari experimentis considerarique curvaturam ta-
barum seu secamentorum, quae nostri fass-tauben vocant, ut
constet an satis eis accedat arcus aliquis Ellipticus vel Parabolicus
praesertim osculans, et quis magis. His cognitis etiam consti-
tuetur deinde rectius dimensio portionum, cum vasa non sunt
omnino plena. Interim eam in rem inspexi calculum tuum. Assumo figuram tuam et literarum significationem. Parabolae vertex
esto C. Axis CD, semiordinatae sunt HE, DA, circa DA rotatur
trilineum parabolicum CDAEC, ut habeatur Fusum parabolicum.
Hoc solidum secetur plano transeunte per EH, normali ad BC,
quaeritur qualis sit sectio EFGE. Parameter parabolae esto r, et
AD, a, et EH, y; itaque DC vel DB erit $aa : r$, et HC erit $yy : r$.
Jam HG qu. $=$ BH . HC ex natura circuli, et BH $=$ BC $-$ HC; sed
BC $=$ bis DC $= 2aa : r$, ergo BH $= 2aa - yy, : r$, et fiet BH . HC
$= 2aa - yy, yy : rr$, adeoque HG $= \sqrt{(2aa - yy)y : r}$; sed tu fecisti

BH $=$ aa $+$ yy, : r et HG $= \sqrt{(aa + yy)}$ y : r.   Sed praeter difficultatem in calculo invenio longe majorem in ratiocinatione, quam nunc persequi non vacat.   Procedis tu quidem hic paulo festinantius confidentiusque quam harum rerum natura patiatur.   Sed si solidam scientiam quaeris, et peritorum quam vulgi plausum mavis, et meditandum est diutius et in meditando procedendum circumspectius; id si feceris, tum demum assequeris quod nullus adhuc in Germania, et ad Bernoulliorum Hermannique laudem aspirare possis, quod ego quidem a tuo ingenio proficisci posse puto, si par studium accedat.   Haec ab amico moneri Te commodo Tuo non aegre opinor feres.   Praestat serius inventorem esse quam maturius apparere.

Hanoverae 10 April. 1708.

XXXIV.

Wolf an Leibniz.

Me nuper nimis festinantem errorem in calculo admisisse omnino agnoscere debeo, fontemque erroris detexi, confusionem scilicet 2 linearum in applicatione theorematis circuli naturam explicantis. Cumque adeo elementum curvae evadat $\sqrt{(2aa - yy)ydy : r}$, satis intelligo ejus summam ea methodo haberi non posse, qua nuper in integrando $\sqrt{aa + yy)ydy : r}$ usus sum.   Ipsius vero $\sqrt{(aa + yy)ydy : r}$ summa cur esse nequeat aa $+$ yy, $\sqrt{(aa + yy)} : 3r$, nondum capio.   Nec erroneam esse puto, inprimis cum videam Craigium in Tract. de Quadraturis p. 4 et 5 per suam methodum Curvae aream producere yy $+$ aa, $\frac{1}{3}\sqrt{(aa + yy)}$, cujus semiordinata $\sqrt{(aa + yy)}y$.   Aliter vero se res habet, si quaeratur summa ipsius $\sqrt{(aa + yy)dy : a}$.   Tunc enim si fleret aa $+$ yy $=$ v, foret dy $=$ vdv : y, nec adeo elementum propositum hac ratione integrabile redderetur.

Quodsi tamen et in his me errare contingat', gratum faciet E. V. si saltem uno verbo fontem erroris indigitaverit: nec minus gratum foret, si mihi aperiretur quanam in re pro ingenii mei modulo et temporis ratione operam meam utiliter collocare possim. Notas Analyticas E. V. jam semel in dissertatione quadam mea adhibui earumque prastantiam evici: receptas vero repetere libuit, quia plerique omnes iisdem adsueti. Placet tamen consilium eas in posterum per Acta introducendi. Peto igitur, ut mihi indicetur, quomodo nova ratione notari possit $\overline{aa + yy}^m$, num ejus loco poni queat $(aa + yy)^m$ et numne consultius sit, ut non modo in divisionibus prolixioribus mos solitus observetur, sed et in iis seriebus, in quibus divisores legem continuationis manifestant, quale quid E. V. amare ex Actis auguror.

Puerum ingeniosum, qualem E. V. quaerit, nullum novi: ast Studiosum novi, ingenii satis excitati, in calculo Algebraico exercitatum, nec in differentiali prorsum hospitem, solidiorum studiorum exquisitiorem cognitionem anhelantem, laboriosum, ab omni lucro maxime alienum, sua semper sorte contentum, nempe M. Haasium, Augustanum, qui curriculo studiorum Academicorum absoluto hactenus maximam temporis partem modestae puerorum quorundam nobilium institutioni Lipsiae impendere coactus fuit. Callet etiam artem delineandi. Quoniam vero ignoro, num fortassis juris civilis notitia ab eo potissimum requiratur, num is intentioni E. V. respondeat ignoro. Vellem igitur, ut paulo clarius mihi explicetur; quaenam in subjecto quaesito desiderentur et quaenam ipsius futura sit conditio: tum enim facillimum mihi erit quendam nominare, qui eandem ex voto amplectatur.

Dabam Halae Saxonum d. 29 Apr. 1708.

P. S. Quoniam intelligo, M. Haasium de nova quadam conditione acceptanda cogitare; ut E. V. recensionem scripti Manfrediani remissura significet, num eodem uti ad nutum queat est quod rogo.

XXXV.

Leibniz an Wolf.

Remitto Recensionem Manfrediani Operis, sane solita judicii ἀκριβείᾳ a Te scriptum; gratias etiam ago, quod mei benevole memineris. Quaedam tamen adjeci, pro concessa a Te potestate, atque etiam nonnulla delevi. Bene adhibes $(aa + yy)^m$ substituendo parenthesin lineae. Monendi essent typothetae, ut pro exponentibus superponendis minutas literas, quas corpus vocant, adhiberent. Ita non esset opus inutili distantia linearum.

Verum quidem est, ipsius $\sqrt{(aa + yy)}ydy$ summationem esse $aa + yy$, $\sqrt{(aa + yy)} : 3$; sed licet (respiciendo ad figuras nostras priores) FH vel GH foret $y\sqrt{(aa + yy)} : r$, non ideo tamen procederet ratiocinatio. Similiter licet revera FH sit $y \sqrt{(aa - yy)} : r$, possitque et hoc per dy multiplicatam summari, est enim ni fallor $- (aa - yy) \sqrt{(aa - yy)} : 3r$; non tamen ideo sectio, qua agitur et quae elementum constituit fusi parabolici, sic habebitur. Quod ut appareat, ducatur in plano hujus sectionis recta LMN parallela ipsi FHG, occurrens ipsi RP in puncto M et circulo circa RP basi parallelo ipsique curvae sectionis in punctis L et N, oporteret LM eandem habere relationem ad EM, quam FH ad EH, seu posito EM, v, deberet LM esse $v \sqrt{(aa - vv)} : r$, atque ita sectio tota utique haberetur per $\int v \sqrt{(aa - vv)}dv : r$. Sed hoc non reperitur verum, aliaque longe invenietur relatio generalis inter LM et EM quascunque. Et hoc est quod dixi, non tam errorem calculi (facile emendandum) conclusioni tuae obesse, quam errorem ratiocinationis, ortum ex falso praesupposito, quasi ex speciali relatione inter EH et FH judicari possit de relatione inter quamvis similem abscissam et ordinatam sectionis, quod in conoide parabolico revera succedit, eoque facilius in fuso fefellit. Generaliter reperio, si HM vocetur v, et LM vel MN vocetur w, fore quadratum a w

aequale differentiae inter quadrata rectarum aa — vv, : r et
aa — yy, : r; quia autem recta y seu EH pro dimensione sectionis
ENFGLE consideranda est ut constans, solaeque sunt variabiles
hoc loco w et v, ideo compendii causa aa — yy, : r vocemus f, et
fiet rrww $= v^4 — 2$aavv $+ a^4$ — rrff; unde non est facile invenire
$\int$ wdv, nam foret $\int \sqrt{(v^4 — 2}$aavv $+ a^4$ — rrff)dv : r. Si quaeras
vdw, quod etiam dabit dimensionem sectionis, fiet $\int$ vdw $=$
$\int$ dw $\sqrt{(}$aa — r $\sqrt{(}$ww — ff)), quod non est priore tractabilius. Itaque
non satis commode metiemur fusum parabolicum per sectiones ad
axem parabolae perpendiculares, sed melius per sectiones axi pa-
rallelas ad ordinatam normales, quae sunt circuli. Et patet, fusum
parabolicum se habere ad summam quadratorum a KP ipsi AD
ordinatim applicatorum, ut circulus se habet ad quadratum radii.
Posito autem DK vel QP esse v, ut ante, fiet KP $=$ DC — QC
$==$ aa — vv, : r, cujus quadratum erit $a^4 — 2$aavv $+ v^4$, : rr; id ordinatim applicando ad AD seu ducendo in dv, et omnia talia sum-
mando fiet $\int$ dv . qu. KP $= a^4$v — $\frac{2}{3}$aav$^3 + \frac{1}{5}$v^5 : rr, quod (posito
hanc v seu ultimam v esse DJ, et primam fuisse 0) erit ad par-
tem fusi parabolici factam rotatione quadrilinei CDJEC circa basin
DJ, ut quadratum radii est ad circulum. Ita habemus fragmenti a
fuso parabolico dimensionem doliis integris accommodatam. Sed
si jam Tecum longius procedere, et solidum comprehensum parte
superficiei fusi planisque FGEF, FGCF a semifuso detrahere velimus, quaerenda est summa omnium segmentorum circularium ad
HE ordinatim applicatorum, qualium unum est LNPL. Quod etsi
non sit facile, plus tamen tractabilitatis haec summa sectionum,
quarum quaevis circularis est, quam summa sectionum, quarum
quaevis quadraturam requirit magis compositam circulari. Sed in
hoc nunc amplius inquirere non vacat. Interim quia ope serierum
infinitarum segmentum circulare quadrari potest, quam voces pro-
pinque, putem hinc etiam commode duci posse summam talium
segmentorum satis vere propinquam, Canonesque practicos utiles
constitui, de quo amplius per otium cogitabis.

Quod de M. Haasio significas, gratum est, nec fortasse occasio aspernanda; itaque rogo eum quasi sponte Tua horteris ut scribat ad me. Fortasse etiam aliquam Disputationem jam scripsit, vel simile specimen dedit. Mihi nunc ad historicos labores maxime adjutore opus est, nam Du. Eccardus, quo per complures annos domui meae usus sum, nunc factus et Professor Helmstadiensis.

XXXVI.

Wolf an Leibniz.

Litteras E. V. utrasque recte accepi, quodque in prioribus fontem erroris desideratum ostendere voluerit, gratias habeo maximas. Diffiteri profecto non possum, me rem arduam nimis festinanter tractasse. Caeterum mihi enatum est dubium circa quandam propositionem, quam nonnulli Autores tanquam principium per se evidens assumunt, quod scilicet densitates corporum ejusdem molis sint reciproce ut massae. Mihi universaliter vera non videtur. Suppono enim mensuram massae esse aggregatum ex spatiolis a particulis minimis, ex quarum combinatioue corpus resultat, occupatis; mensuram vero densitatis aggregatum distantiarum istarum particularum. Concipiamus jam seriem 12 globulorum aequalium, quorum distantiae aequentur diametris eorundem. Erit seriei longitudo 23, assumta pro unitate diametro globuli, aggregatum distantiarum 11. Sint porro 16 istiusmodi globuli ac seriei totius longitudo denuo 23, erit aggregatum distantiarum 7. Ergo densitates sunt ut 7 ad 11, massis existentibus ut 12 ad 16 seu ut 3 ad 4. Alia igitur ratio densitatum, alia massarum. Quod vero massam per globulos aut, si mavis, cubulos; densitatem per distantiam earundem repraesentare liceat, ulteriore explicatione nunc

equidem indigere non videtur. Gratissimum foret, si E. V. mihi
significaret, quid de hoc dubio ipsi videatur.

Nec minus gratum est, quod E. V. recensiones librorum
Mathematicorum et Philosophicorum ante perlegere decreverit, quam
Actis inserantur, suaque inventa addere constituerit, cum non solum
ego, sed quotquot sublimiorem rerum notitiam aestimant, multum
ad eam perveniendi adjumentum hinc sibi promittere debeant. Nunc
vero nullus mihi ad manus est istiusmodi liber. Equidem Cl.
Hermannus significavit per litteras his diebus ad me delatas prodiisse in Italia Pisis jam A. 1703 Guidonis Grandi libellum de
Quadratura Circuli et Hyperbolae per infinitas Hyperbolas et Parabolas Geometrice exhibita, in quo calculo differentiali uti incipiat
variaque ejus ope egregie demonstret; idem asseverat se certum
esse, quod in P. Reyneau Analysi demonstrata (in qua et vetus et
Cartesiana et recentior E. V. Analysis exponitur) quam plurima egregia contineantur. In Histor. Acad. Scient. commendatur Guinaei
Applicatio Algebrae ad Geometriam; denique aliunde constat, in
Anglia Whistonum A. 1707 edidisse Arithmeticam Universalem seu
Elementa Algebrae a Newtono quondam in gratiam praelectionum
publicarum olim conscripta, cum adhuc munere Professionis in
Academia Cantabrigiensi fungeretur: nullus tamen horum librorum
ad me pervenit. Videtur Dn. Menckenius libros Mathematicos non
satis curare: plerosque enim, quos hactenus in Actis recensui, meis
sumtibus mihi comparavi.

Denique quod M. Haasium attinet, certus sum, quod in explicandis Historiae ac Geographiae fundamentis in gratiam juvenum
nobilium curae ipsius commissorum hactenus occupetur, ut adeo
nullus dubitem quin in excerpendis argumentis Historicis eodem
uti possit E. V. Sique labor improbus omnia vincit, nihil fore
spero, quin ab ejus industria proficiscatur.

Halae d. 8 Jul. 1708.

XXXVII.

Wolf an Leibniz.

Accepi tandem Elementa Algebrae Newtoni, de quibus nuper scripsi. Perlegi, atque ex iis excerpsi, quae digna judicavi, ut Actis insererentur. Antequam tamen id fiat, excerpta censurae E. V. submitto, tum ut intelligam, num forte nova non sint, quae mihi alibi nondum exstare videntur, tum ut addere hinc inde queam, quae ipsamet E. V. assecuta est inventa ad amplificationem Algebrae tendentia. Nuperrima Eclipsis Solaris duplo fere major exstitit, quam calculus Astronomorum Berolinensium ferebat. Cum enim juxta hunc non prorsus 4 digitos adaequare deberet, ego eandem $6\frac{1}{2}$ digitos superare deprehendi: id quod etiam Lipsiae a Dn. Rivino observatum. Dn. Teuberus Cizae magnitudinem ad 6 digitos 16 minuta; Hambergerus Jenae ad 6 digitos 20′ extendit. Hinc etiam eclipsin multo diutius durare contigit, quam calculus Berolinensis permittebat. Mirabar primum ejus a coelo dissensum, sed mirari desii, postquam vitiosum esse didici.

Quodsi E. V. significare voluerit, quomodo vis materiae intendi possit, massa immutata, ex. gr. per lapsum deorsum, et quomodo concipi debeat vis illa derivativa, quae ex uno corpore in aliud migrare valet; rem mihi longe gratissimam fecerit. Etenim non video, quomodo evitari possit, ne in hac virium communicatione et intensione tandem cum Cartesio ad immediatum Numinis nutum provocare opus habeamus.

Dabam Halae d. 1 Oct. 1708.

XXXVIII.

Leibniz an Wolf.

Remitto cum notulis recensionem Newtoniani de Algebra Operis. Regula extrahendi radicem ex rationali et irrationali (vel etiam ex duobus irrationalibus) jam est apud Schotenium. Etsi quaedam egregia sint in hoc libro, desunt tamen quae maxime optassem. Et fortasse ipse haec daret multo praestantiora, si vacaret ipsi talia retractare.

Non dicis, quinam sint illi Astronomi Berolinenses, quorum calculus a coelo discrepat in nupera Eclipsi solari. Nam Dn. Kirchius edit Calendaria Astronomica, edit etiam Ephemerides Dn̄ Hofmannus, et quisque hac in re consilio utitur, nec ipsi inter se vel cum aliis communicant; dicendus ergo erit error Kirchii vel Hofmanni, non Astronomorum Berolinensium, quorum nomine nihil quod sciam prodiit.

Quaeris ut Tibi explicem, quomodo concipienda sit vis derivativa in materia, quae ex uno corpore in aliud migrare valet, neque enim te videre, quomodo evitari possit recursus ad immediatum Numinis nutum. Ego vero nunquam dixi, vim derivativam ex uno corpore in aliud migrare, sed sequentem in unaquaque substantia nasci ex praecedente alterius substantiae occasione atque ut ita dicam conspiratione. Et ut difficultatem tuam satis intelligam eique satisfaciam, opus est ut eam ipse prius explices atque ostendas, quomodo ex meis traditis immediatum Dei concursum (diversum haud dubie ab illo communi Dei ad omnia creata concursu) sequi putes. Objectio distincte proposita occasionem mihi dabit ad eam distincte resolvendam, alioqui frustra divinare tentavero, quid tibi scrupulum injiciat, et fortasse dixero, quae scopum Tuum non ferient.

XXXIX.

Wolf an Leibniz.

Recensionem Disquisitionum Mathematicarum Dn. Parent vel ideo cum E. V. communicare debui, quia in iisdem nonnullae continentur contra Systema Harmoniae praestabilitae objectiones. Verba ipsius ita habent: M. Leibnits ne dit pas plus que tous ces derniers (Cartesiens), lorsqu'il établit que Dieu crée pour chaque corps une ame qui de sa nature doit passer par les mêmes changemens qu'il prévoit devoir arriver au corps, et dans le même temps, en sorte que ses dispositions ayent continuellement une exacte correspondance avec celles du corps, sans que Dieu soit obligé de produire actuellement tous ces changemens dans l'une et dans l'autre. Au contraire M. Leibnits dit bien moins que les Cartesiens, puisqu'ils admettent comme luy la prescience de Dieu tant à l'égard de l'ame, qu'à l'égard du corps, et que M. Leibnits ne nous dit pas qui est ce qui produira ces changemens tant dans l'ame que dans le corps. Mais les Cartesiens et tout homme de bon sens étant persuadés que ces changemens ne sçauroient proceder que de l'action immediate de Dieu et de la creation continuelle de l'ame et du corps, ils ont raison d'établir que c'est Dieu seul qui fait cette correspondance mutuelle que M. Leibnits admet pour la seule union de l'ame et du corps. Outre que la comparaison que M. Leibnits objecte aux Cartesiens des deux horloges, qui vont toujours l'une comme l'autre, a lieu aussi contre luy, puisqu'il ne fait consister l'union de l'ame et du corps, que dans la correspondance de leurs changemens comme font les Cartesiens, donc l'autorité de M. Leibnits ne fait rien contre le sentiment de ceux-cy; outre qu'on en pourroit tirer deux fâcheuses consequences, c'est qu'il fait de l'ame une espece de machine fort semblable au corps, et qu'il fait agir cette machine comme d'elle même, et independamment de l'action immediate de Dieu, ce qu'on ne peut pas catholiquement penser; mais cecy soit dit sans vouloir choquer le merite ny la réputation de cet excellent Philosophe. — Similiter cum ea recenset quae de principio Optico in Act. A. 1682 dedit E. V. sequentia addit: L'Auteur tâche d'accommoder le principe Méchanique de refraction dont M. Descartes s'est servi avec le sien. Or la conclusion que M. Descartes tire du sien est, comme on le sçait, que le sinus etc. .... ce qui est à la verité également conforme à l'experience journaliere, mais directement opposé à la conclusion de nôtre Auteur. Pour sauver donc cette opposition, il est obligé d'établir ce principe: In casu luminis a resistentia medii etc. Mais il me semble avec toute l'estime qui est due à ce grandhomme, que cela ne sauve nullement la contradiction, puisque la question ne tomba pas sur le nom qu'on doit donner aux milieux, mais uniquement sur le plus ou moins de chemin que la lumière fait en droite ligne dans ces differens milieux en même temps. Or il est constant qu'afin que la principe de notre Auteur subsiste, la lumière doit faire plus de chemin en droite ligne dans l'air que dans l'eau en même temps, et au contraire afin que la proportion des sinus et des resistances que M. Descartes établit subsiste, il faut que la lumière fasse plus de chemin en droite ligne dans l'eau que dans l'air. Haec in recensione non attingere libuit, donec intelligerem, num I. E. V. quaedam ad has objectiones responderi velit, suo quoque loco (si ita visum fuerit) inserenda. Similiter principium illud universale, ex quo Autor leges motus se demonstraturum promittit, cum eo mihi concidere videtur, quod ante biennium Berolini mihi explicabat E. V., utut ejusdem non satis recorder. Forsan igitur utile fuerit de illo quaedam hac occasione commemorari. Ego certe illius notitiam anxius desidero ut habeam rei tam arduae firmum ac inconcussum fundamentum. Caeterum quod mihi circa Specimen Dynamicum Actis Lipsiensibus insertum enatum est dubium, pace E. V. ita expono. Nihil mihi certius videtur, quam materiae adscribendam esse aliquam vim, ex qua mutationes ipsius sequantur.

Jam vero cum vis illa in continuo nisu concipienda sit, necesse est ut certam habeat directionem nisus. Adversus quamnam igitur plagam illa tendit? Num forte quaquaversum, ut vis aëris elastica? Porro certum est, massa corporis immutata, vim ejus intendi. Ita ex. gr. vis lapidis intenditur, dum cadit deorsum. Unde igitur illud virium incrementum? quomodo concipiendum? Numne aliquid superadditur materiae, quod antea non habebat? An id quod habet, saltem efficacius redditur, seu magis potens? Denique conflictus corporum testantur, quod decrementum virium in uno corpore pariat incrementum earundem in alio. Quid igitur tum dicendum? Num aliquid ex uno corpore migrat in alterum? An Deus occasione impetus in uno corpore aliquid annihilat, in altero idem creat? Nullus dubito, haec dubia ex non satis intellecta theoria Dynamica ortum trahere. Quare si E. V. basce nebulas dispellere volueris, gratissimum mihi facies, qui constanter futurus etc.

Dabam Halae d. 6 Novembr. 1708.

P. S. Mors Dn. de Tschirnhausen cum concursu creditorum facta dubio procul jam innotuit.

XL.

Leibniz an Wolf.

Gratias ago quod mecum Parentii recensionem communicasti, cui quae vides initio et fine permissu tuo addo *). Magna in eo est philautia, et libido contradicendi et novorum inventorum, sed parum succedens affectatio. Ego ipsi respondere operae pre-

---

*) Siehe die Beilage.

tium non puto. Suffecerit obiter quaedam in recensione (ut factum est) attingi et declarari. Meum principium legum motus ab hujus autoris doctrina diversum puto, qui nihil credo de iis habet, quod non ex Hugenio hauserit.

Quod tuam attinet dubitationem circa Specimen meum Dynamicum, ita sentio, nullum esse in materia nisum, nisi cum motu conjunctum, et ideo nullam esse dubitationem, quin corporum vis nisusque directionem certam habeat; nec omnia corpora in eandem plagam, sed alia in alias tendunt; nec virium incrementum concipio sine incremento motus. Haec autem intelligenda sunt de viribus derivativis, quae sunt primitivarum modificationes. Non est opus concipi hic aut annihilationem aliquam aut creationem, aut transitum accidentis de subjecto in subjectum, non magis quam cum figurae aut destruuntur aut producuntur, aut ex una materia in aliam transferuntur; nam vires derivativae ut dixi non minus quam figurae in rei alicujus perseverantis modificatione consistunt. Sed qui non distinxerunt vires derivativas a primitivis, motumque aut nisum instar rei alicujus substantialis concepere, non mirum est si in difficultates circa originem translationemque nisus inciderunt, cum tamen nisus non minus sit modificatio formae (seu virtutis primitivae) quam figura est modificatio materiae.

, Illustris Viri Ehrenfridi Waltheri Tschirnhusii obitum non sine magno dolore meo intellexi. Utinam inventa ejus posthumaque scripta serventur. Rogo igitur ut inquiras et mecum intellecta communices. Spero Regem et Principem Gubernatorem non permissuros, ut creditorum concursu memoriae ejus injuria inferatur. Vale etc.

Dabam Brunswigae 18 Novembr. 1708.

Beilage.

In der oben erwähnten Recension von Parent's Recherches de Mathematique ist der Anfang bis zu den Worten „et Hugeniana

inventa ignoranti contigisse" (von Leibniz hinzugefügt; desgleichen
hat Leibniz das Folgende am Schlusse bemerkt: Autor occasione
harum meditationum Systema celebre Harmoniae praestabilitae impugnare aggreditur. Etsi nondum omnia satis in vulgus prostent
quae ad ejus illustrationem pertinent, sane autor noster contendit,
nihil in eo systemate dici quod non dictum sit a Cartesianis; sed
inventor systematis hoc discrimen dedit, quod Cartesiani agnoscunt
quidem ab anima vim corporum non mutari, quia eadem vis semper servatur in natura corporea, putant tamen secundum animae
desideria mutari corporum directionem, sed inventor novi Systematis Harmoniae praestabilitae ne hac quidem mutatione opus habet, imo eam quoque non admittendam probat ex regulis motus,
quae non solum eandem vim, sed eandem quoque directionem
corporum summatim manere confirmant. Quae res si tempore
Cartesii explorata fuisset, haud dubie ipse Cartesius in systema
harmoniae praestabilitae incidisset, ita enim agnovisset, animae
causa corpus nullo modo mutari, sed suas perpetuo leges inviola-
tas sequi et tamen animae desideriis respondere, quia machina
corporum ita a Deo in ipsa creatione ordinata sit, ut hoc praestet
certo modo: quod magis sapientiae Dei conforme est, quam ut in
progressu rerum continue violet leges corporum, ut ea miraculoso
modo, id est operatione a legibus eorum diversa, animae accommo-
det. Interim inventor systematis harmoniae praestabilitae non negat immediatum Dei concursum (quod autor noster de eo suspica-
tur), sed potius diserte statuit omnes creaturarum perfectiones
perpetuo a Deo produci, negat tantum in commercio animae et
corporis explicando concursu miraculoso opus esse, ad quem autores systematis causarum occasionalium confugere coguntur.

XLI.

Wolf an Leibniz.

Prius ad litteras E. V. respondissem, nisi recensionem Analyseos demonstratae una mittere constituissem. Opus profuturum
judico iis, qui ad utriusque Analyseos cognitionem via brevi pervenire cupiunt, quamquam tyrones plura desiderabunt exempla.
Nihil autem in eo deprehendere potui, quod non ab aliis jam sit
dictum. Nec quas novas praeceptorum Analyticorum demonstrationes attulerit reperio. Ego nuperrime in quandam hyperbolae
aequilaterae proprietatem incidi, quam ab aliis hucusque (quantum
publice constet) non animadversam arbitror. Scilicet si semiordinatae sumantur pro tangentibus angulorum in serie naturali progre-
dientium, et semidiameter curvae pro sinu toto, erunt abscissae por-
tiones secantium eorundem angulorum extra circulum, seu differentiae secantium a sinu toto. Hinc 1. fluit genesis admodum facilis
hyperbolae aequilaterae. Etenim semidiametro Curvae transversae
AB (fig. 7) jungatur ad angulos rectos recta indefinita AT et ductae
quotcunque BT applicentur normaliter ad rectam AT in punctis T,
erunt puncta M in hyperbola aequilatera. 2. Loca ad Hyperbolam aequilateram reducuntur adeo ad circulum. Si enim fuerit ax + xx
= yy, radio ($\frac{1}{2}$a) describatur quadrans ACB (fig. 8), et ex B ex-
citetur indefinita BT, erunt omnes BT = y, omnes TM = x. Si
vero fuerit xx — aa = yy, fiat BC = a, erit BT = y, TC = x.

Similiter si in hyperbola aequilatera abscissae sumantur pro
subtangentibus parabolae, cujus parameter est parametri illius
dupla, erunt semiordinatae Tangentes respondentes. Possunt adeo
loca, quae ad hyperbolam aequilateram existunt, etiam ad parabolam reduci. Sit enim ax + xx = yy. Describatur Parabola, cujus
parameter 2a, erit subtangens = x, tangens = y. Ast si fuerit xx
—aa = yy, parametro 4a describatur parabola, eritque subtangens
= x — a, tangens = $\sqrt{(xx - aa)}$.

Quae Cassinus junior in Commentariis Academiae Regiae Scientiarum de oneratione sclopetorum tradidit, vulgaria sunt ex iis satis explorata, qui arma tractare solent. Praecipuum censeri debet, quod, si plus pulveris pyrii supra quam infra globo extet, globi expulsi nulla sit efficacia. Eorum, quae Vaubanius de cuniculis subterraneis notavit, non satis recordor. Quare cum liber jam non sit ad manus, scribam de iis alio tempore.

Cum nuperrime Lipsiae essem, vidi Hipparchum Kepleri MSC. apud Hanschium, sed molem adhuc indigestam et rudem dixeris, cui efformandae alter Keplerus necessarius videtur. Miror Hanschium qui Astronomiae nondum limina salutavit, in se editionem hujus operis suscipere, quam epistola publice edita Astronomis significare non dubitavit. Vidi autem in iis tradi hypothesin Lunae physicam et doctrinam Eclipsium, optandumque foret ut Astronomiae ac Geometriae satis peritus meditationibus Kepleri in ordinem redigendis et hinc inde lacunis (quae in schedis conspiciuntur) supplendis operam impenderet. Sed aegre alteri MSC. tradet possessor qui, si aliquid praestare vellet, in Astronomicis ante erudiri deberet, quam labori adeo difficili vacaret, pro praesenti rerum statu ipsi utique insuperabili, cum ne communes quidem Astronomiae terminos satis norit.

Quae circa Anemometron meum moneri posse scribit E. V., dubio procul resistentiam machinae concernunt. Sed quae in axiomatibus dubia sint, conjicere nequeo. De iis itaque certior fieri opto.

Dabam Halae d. 5 Mart. 1709.

PS. Memini, E. V. aliquando dixisse, se non reperire in Newtoni Elementis Algebrae, quae maxime vellet. Quodsi mihi significare voluerit, quaenam ea sint, quae in iis desideret, faciet mihi longe gratissimum. Pergratum enim mihi est ea cognoscere, quae in Scientiis adhuc desirantur ad earundem perfectionem a Viris summis.

XLII.

Wolf an Leibniz.

Ad iteratas litteras tardius respondit Menckenius, se responsorias ad Medicum Viennensem misisse et relationes Politicas
mensi Majo destinasse, utrumque jam E. V. significasse: id quod
in causa fuit, cur non citius ad binas recte traditas responderim·
Adjungo hisce relationem de machina Melliana, E. V. dubio procul
jam nota, si qua forte sint, quae circa eam moneri velit, cum Autor
in titulo insinuet, dubia a Societatibus Anglicana et Borussica
mota esse. Mihi quidem omnis illa disquisitio parum Mathematica videtur, nec augustum hoc saeculum satis decere. Newtoni judicium· utique extemporaneum tanquam de re exigui momenti, si scilicet consideremus, eam tanquam ob difficultates in-
superabiles dudum desertam. Sed Autor vim ejus non satis percipere videtur.

Cum occasione hiemis rigidioris praeterlapsae in actionem
radiorum solarium inquirerem, visi mihi sunt radii obliqui idem
planum minus calefacere perpendicularibus, tum ob raritatem, tum
ob ictus obliquitatem. In casu primo deduxi esse vires radiorum
obliquorum in idem planum exercitas in ratione duplicata reciproca
Cosecantium seu (quod perinde est) Sinuum angulorum incidentiae,
in posteriori autem in ratione eorundem sinuum, vel per prop. 64
Borelli de vi percuss. Unde tandem concludebam, vires radiorum
solarium in idem planum exercitas esse in ratione triplicata Sinuum angulorum incidentiae. Ergo determinatio actionis Solis
per diem integrum pendet a quadratura ungulae, cujus basis est
arcus diurnus, perpendiculares vero super eo erectae sunt ut cubi
sinuum angulorum incidentiae. Sed cum in Actis evolverem, quae
Hallejus de hoc argumento commentatus est, reperi eum tantum
ad obliquitatem ictus respicere, adeoque actionem Solis diurnam

in calefaciendo plano ad quádraturam ungulae cylindricae reducere. Quoniam vero mihi raritas radiorum minime negligenda videtur. E. V. ea de re judicium [experiri libuit, quod tanto gratius erit, quia in conscribenda dissertatione Physico-Mathematica hiemis praeterlapsae versor, a Studioso hinc propediem abituro sub meo praesidio publice defendenda. Ceterum favori ulteriori me commendo.

Dabam Halae d. 20 Apr. 1709.

XLIII.

Wolf an Leibniz.

Dissertationem de hieme proxime praeterlapsa reddet ipse Respondens cum hisce litteris, juvenis doctus et modestus, ad Batavos nunc excurrens. Villemotus de linea motus, quam Planetae describunt, non sollicitus, nullamque adeo elliptici rationem reddit. Plerumque in generalibus subsistit. Accepi heri librum cui titulus: Essay d'Analyse sur les jeux de hazard, in quo Autor Anonymus illud pensum absolvere satagit, quod sibi constituerat Bernoullus νῦν ἐν ἁγίοις in Arte conjectandi, de quo proxime plura. Quod superest, me favori E. V. commendo.

Dabam Halae Saxonum d. 19 Jun. 1709.

XLIV.

Wolf an Leibniz.

Citius lresponsurus eram, nisi addere hisce constituissem recensionem Analyseos de ludis fortunae Autoris Galli *). Mihi quidem lemma Hugenianum (a quo totum negotium pendet, forsan etiam tota Ars conjectandi Bernoulliana) supponere videtur, quod falsum deprehenderetur, si omnis causarum nexus perspectus haberetur. Quin imo ipsa experientia suppositi falsitatem loquitur: Etenim ludentibus notum est, intra horam, imo et intra diem eundem casum saepius occurrere et fortunam illi favere saepissime, cujus per calculum lemmati indicato superstructum casus sunt plures minus favorabiles quam favorabiles. Quare huic arti hactenus parum tribuo, nec quid in praxi negotiorum vitae humanae commodi ab ea expectari possit video. Lubenter tamen mentem meam mutabo, si contrarii convincar et me forte a vero aberrasse contigerit. Accepi hodie cum litteris Dn. Bernoulli dissertationem inauguralem a fratris ipsius Nicolai filio habitam de usu artis conjectandi in jure etc.

Dabam Halae d. 17 Aug. 1709.

XLV.

Leibniz an Wolf.

(Im Auszuge)

Aestimatio qualis Hugeniana non de rerum veritate, sed de verisimilitudine seu judicandi prudentia accipienda est. Ita pru-

*) Essay d'Analyse sur les jeux de hazard, par Remond de Montmort.

denter judico facilitatem duobus cubulis aleae conficiendi 7 puncta triplam esse ejus, quae conficeret 12 puncta, quia confici potest tribus modis, per 6 et 1, per 5 et 2, per 4 et 3; at 12 non nisi uno modo, per 6 et 6. Etsi enim forte per rerum connexiones eventurum sit, ut nunc etiam saepius ludendo non cadat 7, sed 12, verisimilius tamen est casurum 7, et si pignore certandum sit, potius pro eo aliquid deponi posse, qui 7nario indiget, quam qui 12nario. Revera quoque, si diu continuaretur alea, nempe multis millibus jactuum computatis, numerarenturque septenarii contra duodenarios, circiter illi tandem horum triplum futuri essent; eoque propior futurus esset eventus aestimationi, quantum ratione judicare fas est. Itaque in hac conjectandi ratione perinde se res habet, ut in omnibus incertis, velut in bello, in medicina, in ludo conversionum (verkehren), ubi ratio casusque miscentur, ut aliquando prudenter agendo fallamur et imprudenter agendo successum habeamus. Interim crebrius contingit, ut successus ejus sit, qui prudenter agit.

Dn. Bernoullii juvenis dissertatio non inelegans etiam ad me transmissa est. Talia a me agitata sunt non pauca ante annos complures, cogitavique de Logica verisimilium excolenda, quae maxime in deliberationibus necessaria est, inprimis in re politica, militari et medica, saepe etiam in juridica, ubi probationes, praesumtiones et indicia, et probationes plenae, semiplenae, et plus minusve quam semiplenae merito distinguuntur. Sed haec video Dn. Bernoullium non attigisse, cum tamen inprimis tractari mereantur.

XLVI.
Wolf an Leibniz.

Accepi his diebus litteras a Johanne Keilio ex Anglia ad Menckenium missas, sed ad me directas. Respondet in iis, ut ex acclusa scheda liquet, ad objectionem, quam in Elementis Aërometriae contra ipsius demonstrationem pro existentia vacui formaveram. Theorema, quod pondus sit massae seu quantitati materiae proportionale, de materia cohaerente seu corpori propria interpretatus fueram, neque enim aliud evincit ipsa Autoris demonstratio. Quare cum in corollario idem ad materiam quoque interlabentem poris applicet, in illatione paralogismum committi asserueram, qui ut clarius eluceret, ostendi quod materia interlabens pondus nequidem augere possit, etiamsi gravis esse ponatur, cum simul corpus circumfluat. Ipse vero nunc ex aequali descensus corporum velocitate in medio non resistente adstruere conatur, materiam quoque interlabentem gravitare debere, si quidem talis detur. Supponit vero, eam cum corpore una moveri, quod quidem mihi manifesto falsum videtur. Etenim experimenta syphonum tam capaciorum, quam capillarium abunde me docuerunt, eaque in variis fluidis sumta, ipso etiam argento vivo, positis reliquis ad motum requisitis, nec ductuum obliquitatem et curvitatem, nec eorundem quemcunque motum, fluidorum per eos motum impedire. Cum adeo materia interlabens libere circulari possit per corpora quomodocunque mota, nec motum eorundem participabit, nec quoniam ipsa gravis non est, pondus eorum ullo modo augebit. Utut vero haec mihi satis evidentia videantur, placet tamen E. V. de iis experiri judicium, antequam per ferias subsecuturas responsionem mediter. Inprimis nondum succurrit evidens satis demonstratio, quod gravitas non sit vis primitiva, sed ex motibus nascatur. Autor equidem Anglus mensuram virium facit communi errore factum ex celeritate in massam, non ex quadrato celeritatis in massam, unde et theorema ipsius secundum, et calculus de velocitate vasis aqua pleni descendentis fallit; sed is error in praesentem controversiam non influit. Sub finem objicit, me non rite aestimare vim ad 2 hemisphaeria cuprea evacuata divellenda requisitam. Fateor equidem communiter tantum rationem haberi columnae ABCD (fig. 9), quod quidem valeret, si fluidum sola vi gravitatis premeret, quanquam et in hoc casu justo major foret calculus ordinarius, quia plerique radii in superficiem sphaerae oblique incidunt, adeoque non eadem sit vis pressoriorum (ut sic loquar) radiorum, quam si perpendiculariter inciderent. Puto enim in pressione quoque, non modo in ictu, obliquitatem lineae directionis attendendam esse. Ego vero considerans aërem esse elasticum, adeoque non modo se applicare ad singula superficiei sphaerae puncta, sed et vi elateris premere juxta quamlibet directionem quae conceditur; in singulis punctis contactus pressionem fieri supposui versus centrum, consequenter moleculas aëris tota sua vi premere versus centrum hemisphaeriorum undiquaque. Et huic supposito calculum superstruxi. Quodsi E. V. mihi significare voluerit, quidnam de meis hypothesibus sentiendum sit, infinitis modis me devinctum profitebor.

Dabam Halae Saxonum d. 14 Decembr. 1709.

XLVII.

Leibniz an Wolf.

Gratum est quod Dn. Keilii responsionem ad objectionem tuam contra demonstrationem vacui mecum communicas. De re ipsa sic mihi videtur dupliciter Keilianae ratiocinationi responderi posse. Unus modus est ad hominem, quem ex parte videris secutus, concedendo materiam poris interlabentem etiam esse gravem, veluti si aër aliquis poris corporum insit. |Hoc posito aër ille posset esse tantae tenuitatis, ut ejus gravitas specifica nihil sensibile a gravitate corporum in eo versantium detraheret, atque ita corpora in eo perinde ac in vacuo nobis descendere viderentur, et hoc puto etiam ad Dn. Keilii replicationem duplicari posse. Altera responsio est negando gravitatem esse primitivum materiae datae attributum, eamque qualitatem in ea derivando a motu materiae gravificae data subtilioris, quae sane gravitatem quam ipsa efficit non habebit. Itaque etsi omnia plena essent, non tamen omnia, quae in poris corporis continentur, ad ejus gravitatem conferrent. Asserentium est demonstrare materiam ex se gravem esse, sed illi ni fallor ea sententia magis ut hypothesi utuntur. Ego vero talem hypothesin non admitto, quae in prima principia rationis offendit. Licet enim ex principiis mathematicis refutari non possit, pugnat tamen cum magno illo Principio Metaphysico (si ita lubet appellare), quod nihil sine ratione sive causa fiat, nempe necesse est ut ratio sit, cur corpora sint gravia aut cur multa ad unum aliquod corpus tendant; quae etsi a nobis inveniri non posset (quanquam non spernendae conjecturae habentur), talis tamen esse debet, ut a nobis intelligi posset, si ab aliquo genio eam nobis explicari fingeretur, quod ille non praestaret, nisi per ea quae in corpore nobis notiora sunt distinctiusque concipiuntur, nempe magnitudinem, figuram, motum. Hoc principio sublato, reducentur qualitates occultae eaeque perpetuae et necessariae occultationis, et omnis sublata erit causas quaerendi necessitas, et pari jure fingere licebit, planetas sponte sua et primitivo quodam instinctu libero coelo orbitas describere, aliaque id genus, et quidvis cuivis attribui fas erit. Unde etiam sunt hodie qui materiae cogitationem affingunt. Quod superest vale etc.

Dabam Hanoverae 23 Decembr. 1709.

XLVIII.

Wolf an Leibniz.

In Historia Academiae Scientiarum A. 1708 varia occurrunt paradoxa Physica et Mathematica. Quam ob rem e re fore arbitratus sum, si recensionem cum E. V. communicarem *). Elasticitas aëris impugnatur, sed non sufficientibus, ut mihi videtur, rationibus. Etenim expertus sum, globos vitreos, nisi carbones contingant, sed calori exhalanti tantum admoveantur, insigni cum fragore dissilire, utut solo aëre repleantur. Immo fieri curavi globum cupreum satis spissum et firmissime afferruminatum (mit Schlagelothe gelöthet), qui solo aëre plenus cum carbonibus candentibus imponeretur, tanto fragore disruptus, ut tormentum explodi crederetur. Sed accuratius adhuc proxime eam in rem inquiram. Rollius in genere taxat Geometras recentiores, quod multa sine demonstrationibus assumant atque hinc fundamentis minus firmis methodos suas superstruant. Sed mirum profecto foret, si quae contra Slusianam methodum in specie urget, vera essent. Exempla, quae probationis loco adducit, examinare nondum licuit, cum totus nunc sim in edendis Matheseos Universae Elementis sermone vernaculo, quibus in Collegiis ad erudiendam juventutem

---

*) Zu der erwähnten Recension hat Leibniz hinzugefügt: Ad haec quidam verentur, ne Dn. Rollii objectiones contra Methodum Slusianam non sint fortiores, quam quas olim dedit contra Methodum Leibnitianam, dudum a viris insignibus dissolutas. Laudandus interim est, quod difficultates proponit, quae enodari merentur, etsi ab ipso forte pro insolubilibus habeantur. Credibile etiam est doctrinam de vi Elastica receptam non oppugnari Dn. Parentii objectionibus, nam plurimi eam per motum rapidum materiae aetheriae partes corporum crassiorum disgregantis dudum explicarunt. Nec mirum est, quod aër humidus calore magis dilatatur, quia aquam ei inclusam vi caloris vapores elasticos emittere constat.

uti queam. Edidit Thomasius noster Cautelas (quas vocat) circa praecognita Jurisprudentiae, in quibus inter alia deliramenta Mathematicos pessime traducit, quamvis idiota summus in iis, quae oggannit. Misera profecto rerum facies, quod studia solidiora non modo contemnantur, sed ad infamiam usque a nugivendulis traducantur, juvenumque segnitei, voluptati, protervitati ac impietati unice litent doctores nostri. Ast abrumpendum est filum, ne videar recordatus, quod sim etc.

Dabam Halae Saxonum d. 20 Apr. 1710.

XLIX.

Leibniz an Wolf.

(Im Auszuge)

Rectius faceret Rollius, si suppleret demonstrationes quas recentioribus Geometris deesse ait, et in eam rem prius eas intelligere studeret, quam reprehenderet. Nam ejus reprehensiones plerumque ex mediocritate intelligendi oriuntur, et nonnihil tironem in altioribus sapiunt. Miror, quod talia Commentariis Academiae Regiae inseri patiuntur ii quos ea res pertinet. Sed patiamur hominem abundare sensu suo, qui semet ipse ulciscitur. Vellet conviciis a nobis extorquere ea quae ignorat.

Idem (non tamen per omnia) dixero de Mathematico-mastigibus qui de rebus non intellectis ridicule pronuntiant; judicia eorum non transeunt Salam et Albim. Nolim tamen his annumerare Dn. Thomasium (cujus acre ingenium ex aliis speciminibus cognovi), donec ipsa ejus verba inspexero. Spero enim limitationibus quibusdam circumscripsisse eum sua de Mathesi aut Mathematicis judicia. Et putabam eum Tibi speciatim favere: nescio quis enim mihi dixit, suasisse eum quoque olim, ut inter Hallenses Doctores

8 *

recipereris. Recte facies, si dignitatem Matheseos data occasione tuebere, sed ita tamen ut magis rem ipsam quam Thomasium tangere videare, quia praestat eum amicum vel certe non inimicum habere, etsi enim argumentis Te vincere nequeat, alia tamen ratione Tibi incommodare potest. Vellem experimenta institui de vi aquae calore dilatatae, quae coepit sumere Mariottus, prosecutus est Papinus.

L.

Wolf an Leibniz.

Si mica salis in Scriptis Rüdigerianis extitisset, non modo ea in Actis Lipsiensibus dudum recensuissem, sed et E. V. scripta ipsa per occasionem misissem. Ne tamen non spernenda sprevisse videar, pauca quaedam de viri conditione et Philosophia exponam. Per longum temporis spatium Rüdigerus Lipsiae commoratus et Magistri legentis munere functus, non tamen felici satis successu, ita ut maximam temporis partem in docenda lingua Gallica consumeret: quae collegia pauperiores frequentabant, quod vile pretium solvendum esset. Utut autem studio Theologico deditus fuisset, Doctoris tamen Medicinae gradum Halae ambiit et obtinuit, cum videret, spem promotionis ad dignitatem vel Theologicam vel Professoriam ..... nullam superesse. Ingruentibus turbis Suecicis Halam concessit, cumque olim Thomasii famulum hic egisset tum-que mores docentium ac discentium in hac Academia perspexisset, ad eosdem se componens omnia aliorum dogmata scurriliter traducere, seipsum supra omnes, quotquot hactenus extiterunt, Philosophos extollere, omnium inventionem sibi soli tribuere, Mathesin, quam ignorat, taxare meraque mysteria nemini huc usque explorata jactare coepit. Applausum juvenum vi principiorum moralium

hujus loci (quod optimum temperamentum sit eorum, quibus am-
bitio et voluptas dominatur, utpote excellentissimum judicium de-
notans, exinde autem agnoscendum, si quis aliorum cogitata risui
juvenum exponere valeat; pessimum autem Melancholicum, Mathematicis proprium, vim imaginandi abundantem, sed omnis judicii defectum arguens) nactus A. 1707 propriis sumtibus Lipsiae publicavit
Philosophiam suam Syntheticam de Sapientia, Justitia et Prudentia,
seu cursum quendam Philosophicum. In isto libro Philosophiam
definit, quod sit cognitio veritatis ejus, quae non cuilibet statim
manifesta, omnibus tamen perutilis. Paradoxa ipsius Logica,
quae in libro de sensu veri et falsi uberius explicavit, haec sunt:
1. quod Syllogismus possit habere quatuor terminos (e. gr. Omnis affectibus indulgens male judicat. Omnis avarus est affectibus indulgens.
Omnis qui male judicat, male ratiocinatur. E. omnis avarus male ratiocinatur); 2. quod medius terminus totus ingredi possit conclusionem
(ex. gr. Omnis recta ratio est a Deo. Recta ratio ab aliis contemta est
recta ratio. E. Omnis recta ratio ab aliis contemta est a Deo); 8. quod
Syllogismus possit habere duos terminos (ex. gr. qui Deum cum
creaturis confundit est Atheus. E. quidam Atheus Deum cum creaturis confundit); 4. quod ex particularibus meris aliquid sequatur
(ex. gr. quod fluidum est leve. Quod corpus est fluidum. E. quod corpus
est leve); 5. quod omnis propositio particularis possit converti in
universalem (ex. gr. quidam homo est albus, sc. homo. E. Omnis
albus homo est homo): 6. quod ratiocinatio Mathematica sensualis
sit, non idealis, adeoque $\dot{\alpha}\sigma\nu\lambda\lambda o\gamma i\sigma\tau\omega\varsigma$ fiat, in eo consistens, quod
homo et intelligat et doceat sensuales quasdam circumstantias,
quas intellectus minus attentus facile praeterit et e quarum tamen
collectione veritas aliqua resultat. Hinc Mathematicos Logicos
magno esse promissores hiatu, corvos vero deludere hiantes. Fundamenta Physica haec sunt, Materiam primam esse substantiam ex-
tensam a Deo ex nihilo creatam. Ex ea primum facta fuisse tria,
aetherem scilicet, aërem et spiritum. Aetherem instructum esse
motu a centro ad peripheriam seu expansione, aërem motu a peripheria

ad centrum seu contractione, spiritum virtute ideas a sensu recipiendi seu intellectione. Ex conjunctione aetheris et aëris factum esse corpus, ex aethere et spiritu mentem, ex spiritu et aëre Archeum. Corporis accidens esse elasticitatem, mentis cogitationem, Archei puram intellectionem seu idearum receptionem. Corpora dividit in aërem atmosphaericum et ignem; in illo principium contractivum, in hoc expansivum praedominari. Ex aëre atmosphaerico per privationem aetheris, aliqualem quoque aëris factum esse sal, metalla esse corpora ex aëre et aethere pari proportione virtutis elementaris mixta; aurum ex aëre centrali terrae et aethere centrali solari componi, et ita porro. Visionem fieri per conflictum radiorum ex oculo emanantium cum radiis in oculum ab objecto illapsis; sonum esse motum non aëris, sed aetheris. In hisce voculis subsistit, quarum tamen nullam habet notionem distinctam. Quodsi E. V. ita visum fuerit, ex nundinis Lipsiensibus per Dn. Foersterum libros ipsos mittam.

Ego, quod me attinet, nunc totus occupor in Elementis Matheseos Universae sermone patrio edendis. Quam primum labor hic absolutus fuerit, ad alias meditationes severiores revertar. Nunc plura addere prohibeor, excepto quod sim etc.

Dabam Halae d. 27 Apr. 1710.

LI.

Wolf an Leibniz.

Ad ultimas E. V. nuper jam respondi. Quodsi fieri potest, ut a taediis, quibus ferendis me vix parem reperio, tandem ex voto liberarer, multum mihi gratularer. Sed quod fata volunt, vota non tollunt. Parendum igitur. Mitto hic scripta Rüdigeriana, ut jubentis dicto audiens agnoscerer. Amicus ex Anglia redux mihi

significavit, Whistonum novae editioni Theoriae suae Telluris sub-
junxisse Tractatum de Arianis, in quo eorundem partes aperte
tuetur, nec ab Episcopo Londinensi monitus eas deserere cupit.
Scandalum tanto majus habetur, quod pietatis ac eruditionis fama
hactenus gavisus fuerit Autor. Librum ipsum nondum vidi. In
Anglia excuditur corpus omnium Poëtarum veterum, et Hallejus in
edendo Graeco textu Apollonii Pergaei occupatur. Quod superest,
data quacunque occasione annitor ut reperiar etc.

Dabam Halae Magdeburgicae d. 20 Maj. 1710.

LII.

Wolf an Leibniz.

Cum in Anglia caput altum extollat hypothesis de vi attractiva corpusculorum, ejus ad Chymicas operationes applicationem
a Medico quodam Oxoniensi factam ante cum E. V. communicandam esse duxi, quam Actis Lipsiensibus inseratur, rogans ut, si
quae de ea monenda occurrant, benevole suppeditare dignetur.

Non sine voluptate his diebus expertus sum, per vitrum
plano-convexum, cujus diameter erat 30 pedum, objecta ad duo fere
milliaria Germanica remota distinctissime apparere, etiamsi vitrum
$1\frac{1}{2}$ pedes longum, $\frac{3}{4}$ latum (figuram enim parallelogrammi habet)
prorsus non obtegeretur neque tubo includeret, solisque splendor
Meridianus oculos percelleret. Notavi quoque, in quadam ultra
focum distantia objectum remotum apparere geminatum et (uti
notum) inversum. Totus vero nunc sum in ea persuasione, non
aliud artificium fuisse Campani, quod jactavit et summo studio celavit,
uti alicubi in Actis ante biennium fere refertur.

Dabam Halae Saxonum d. 6 Jun. 1710.

Aus der Antwort Leibnizens, datirt Hamburgi 24 Jul. 1710 —
er befand sich auf einer Reise nach Holstein, um die Manuscripte
des Marquard Gude für die Wolfenbüttler Bibliothek anzukaufen —
geht hervor, dass ihm Wolf die Recension von Joh. Freind's Prae-
lectiones chymicae übersandt hatte; dazu hatte Leibniz folgenden
Zusatz gemacht:

Verum enimvero Dn. Keilius eo ipso redit reapse ad occultas qualitates, quales apud scholae Philosophos sympathia et antipathia fuere, dum statuit vim quandam attractricem primitivam,
quae si primitiva est omnique materiae erga omnem materiam
essentialiter competit, utique per rationes mechanicas explicari nequit, atque adeo vel erit aliquid absurdum, vel resolvetur in Dei
voluntatem extraordinariam seu in miraculum, ad quam in physicis sine necessitate confugiendum non esse convenit inter intel-
ligentes.   Quodsi aliter procedimus, et fictionibus indulgemus,
reditur ad philosophiam quandam phantasticam seu etiam Enthu-
siasticam, qualis Fluddi fuit.   Ita uno ictu subvertuntur in Anglia
ipsa, quae Robertus Boylius et alii viri insignes de rebus natura-
libus mechanice explicandis magno studio stabiliverunt, quae Boylius
etiam diserte ad chymica applicuit.

Sed haec omnia sine qualitate illa occulta attractrice, verae
philosophiae principia confundente, et in antiquum chaos redeunte,
commode explicari possunt, partim etiam a viris doctis jam expli-
cata sunt, statuendo plurimas materiae particulas sphaera quadam
magnetica fluidi subtilioris esse circumdatas, cujus motu (ut in
magnetibus majoribus fieri videmus) attrahant sese aut repellant
et ad situm invicem convenientem disponant, quoties scilicet liber-
tatem aliquam sunt nacta.   Ut alios multos modos mechanicos
taceam, a pulsu ortos, quibus (sine attractione proprie dicta) explicari potest, cur corpora ad se invicem accedant, ut attrahi videantur, veluti cum aqua per suctionem in tubos assurgit vel cum
guttae duae ejusdem liquoris ex contactu in unam subito coa-
lescunt; itaque ad aliquid precarium et minime intelligibile con-

fugere necesse non est et talibus semel admissis, aperta fingendi
licentia, mox erunt qui alias hujusmodi qualitates occultas seu
absolute inexplicabiles comminiscentur, et paulatim ad vetera ignorantiae asyla sub novis et speciosis nominibus redibunt. Si datur
vis attrahendi seu sympathia, dabitur pari jure et vis repellendi
seu antipathia, dabitur antiperistasis, dabuntur qualitates emissae
per modum specierum sensibilium cum suis actu-potentialitatibus,
dabitur funiculus Lini a Boylio refutatus, dabitur in materia eadem
variatio extensionis non apparentis tantum sed et verae, ejus denique materiae accurata in majus volumen distensio aut in minus
volumen compressio sine aliena materia introadmissa vel expulsa,
seu rarefactio et condensatio proprie dicta Scholasticorum tanquam
vis elasticae mater, aliaque omnia monstra Scholastica studio
Baconis, Galilaei, Jungii, Cartesii, Hobbii, Torricellii, Pascalii,
Boylii profligata, velut agmine facto per posticum iterum in philosophiam irrumpent.

LIII.

Wolf an Leibniz.

Accepi nuper litteras E. V. una cum Bernoullianis. Quae
acutissimus Bernoullius circa Aërometriam meam notat, perlegi;
sed quaedam in iis reperio, quae me non feriunt, cum ex non satis
intellecta mente mea proficiscantur. Tale est primum, quod contra
resistentiam fluidi a me assertam urget. Utut enim dixerim, resistentiam fluidi oriri, quod vis aliqua ad partium contiguitatem
tollendam requiratur, non tamen hic solum me ad tenacitatem, sed
etiam ad molem fluidi respexisse vel exinde liquet, quod in ea
aestimanda monuerim respici debere ad motum partium separata-
rum vim tanto majorem requirentem, quo fluidum specifice gravius

et quo majore celeritate separatio contingit. Illud autem prorsus non capio, cur vires aquarum molendina circumagentium inter vires mortuas collocet. Notum enim est, aquam cum quodam celeritatis gradu inpingere in rotam, non vero instar ponderis lente trahentis aliquem tantummodo nisum adhibere. Hactenus autem fateor, non aliud inter vires vivas et mortuas discrimen agnovi quam quod hae in solo nisu acquiescant, illae autem cum quodam celeritatis gradu effectum ipsum consequantur. Quodsi itaque notioni meae error adhaereat, cum si E. V. corrigere dignata fuerit, mihi longe gratissimum erit.

Cum in Anglia hypothesis de vi attractiva particularum minimarum materiae, cujus ex Transactionibus Anglicanis leges a Keilio traditae, in Acta Lipsiensia translatae, quamque Newtonus in Latina Optices editione prolixe asseruit, sed, quantum mihi videtur, non sufficienter probavit, nunc invalescat; cum E. V. recensionem Praelectionum Chymicarum Johannis Freind iis principiis superstructarum communicare debui, ut, si quae circa hanc hypothesin monita necessaria occurrerent, suppeditaret. Nullus itaque dubito, quin E. V. eandem acceperit. Libri Crausiani pretium justum excedunt et in bibliopoliis viliori emuntur. Pauca quaedam schediasmata accepi, quae mitto. Optassem ut alia gratiora mittere libuisset.

Plures jam elapsi sunt menses, ex quo in experimentum quoddam incidi, ab aliis nondum tentatum, Medicis tamen quibusdam non improbatum, quibuscum id communicavi. Curavi scilicet fieri ex lamina ferrea stanno obducta vas cylindricum AB (fig. 10), cui tubus gracilis CD afferruminatus erat. Orificium A vesica obduxi, vase repleto. Quo facto cum etiam tubus frigida repleretur, vesica intumuit, et per poros ejus aqua profluxit, si exterior vesicae paries aquam lamberet. At nihil tale observatum, si interior eidem obverteretur. Hoc experimentum excogitavi ad dirimendam litem de poris vesicae introrsum, non vero extrorsum hiantibus. Una autem observavi, quamdiu intumescentia durat, faciliorem multo tunicarum ex quibus vesica constat, solis fere digitis fieri posse, quam ullo cultro Anatomico peragitur et in plures tunicas ab aqua vesicam premente dispesci, quae pro unica haberi vulgo solent. Idem tentavi in ventriculo bovis cum eodem successu et posthac in aliis partibus membranaceis. Iteravit, me monente, experimentum Dn. Pauli, Professor Medicinae Lipsiensis, in Anatomia multum versatus, mecumque nunc sentit, utut sub initium dubia quaedam moveret, cum ipsum experimentum sumere nondum licuisset.

Qui nuper de obscuritate mea conquestus est, me legentem nunquam audivit, cumque sit homo ad quodvis voluptatis ac libidinis genus protervus severiora studia nunquam degustavit. Ex elementis quae imprimi curavi, percipiet E. V., quanam methodo utar et in praefatione specimen addam ejus methodi, qua in docendo utor. Nullus enim affirmare dubito, majore perspicuitate Mathesin doceri non posse, quam qua ego utor et tanta hactenus neminem usum esse; quod non modo ego expertus sum, sed etiam fatentur, qui aliis Doctoribus usi sunt. Ipsa Mathesis apud nos pessima audit, quidque sit ignoratur etc.

Dabam Halae Saxonum d. 16 Jul. 1710.

LIV.
Leibniz an Wolf.

Verum est quod ais, vim vivam esse, quoties corpus concepto aliquo impetu in aliud impingit, mortuam in solo conatu consistere recedendi a loco, quae infinite parva est, si priori comparetur; sed de applicatione ad molendina dispicere nunc non vacavit. Ipse omnia facile consequeres, si distincte Tibi rem proponas. Nam cum molendinum aqua vel vento circumagitur, concipi potest, quasi magna globulorum multitudo instar grandinis aequali numero aequalibus temporis intervallis (scilicet si vis eadem perstet) in alam impingat. Id verum est, vim a quolibet eorum separatim impressam esse perexiguam, et effectu quadammodo ad mortuam accedere. Ipsa enim gravia descendere concipi potest ob innumeras hujusmodi, sed multo adhuc magis exiguas materiae tenuissimae impressiones.

Perplacet experimentum Tuum, quo partes membranaceas examinare et ἀναλύειν doces. Fortasse aliquando distincta ejus descriptio poterit Miscellaneis futuris Berolinensibus (inseri).

LV.
Wolf an Leibniz.

Cheynaeus in libro, cujus recensionem cum E. V. communicare vel ideo libuit, quod Tentamen de motuum coelestium causis culpet, figmento de vi attractiva materiae nimis indulget. Et certe Newtonus ipse in Latina editione Optices 'satis operose eam cum aliis nugis congeneribus adstruit, quod miror. Ita p. 313 adstruit vasta illa spatia corporibus mundi totalibus interjecta ab omni prorsus materia esse vacua, et aetherem materiam fictam et commentitiam vocat. Nihil aliud, inquit, facere posset istiusmodi materia, nisi ut magnorum illorum corporum motus interturbaret et retardaret efficeretque ut naturae ordo languesceret, et in occultis corporum meatibus nihil aliud quam sisteret partium suarum motus vibrantes, in quibus calor ipsorum et vis omnis actuosa constitit. Porro ut ad nullam rem utilis est istiusmodi materia, e contrario autem impediret operationes naturae; ideo penitus rejicienda est. Spatium universum sensorium vocat p. 315 entis incorporei, viventis et intelligentis, quod res ipsas cernat et complectatur intimas, totasque penitus et in se praesentes perspiciat, quarum id quidem, quod in nobis sensit et cogitat, imagines tantum in cerebro contuetur. Radios luminis exigua esse corpuscula ait e corporibus lucentibus emissa et refracta attractionibus quibusdam, quibus lumen et corpora in se mutuo agunt. Corpora pellucida agere in radios luminis per intervallum aliquod interjectum, cum eos refringunt, reflectunt et inflectunt, radiique vicissim corporum istorum particulas per interjectum aliquod intervallum agitant ad ea calefacienda. Atque haec (addit) actio et reactio, quae est per intervallum aliquod interjectum, ad vim attrahentem valde admodum videtur similitudine accedere. P. 322 quaerit: Annon exiguae corporum particulae certas habent vires, quibus per interjectum aliquod intervallum agant non modo in radios luminis, verum etiam mutuo in se ipsae, ad producenda pleraque phaenomena naturae? Satis enim notum est, corpora in se invicem agere per attractiones gravitatis, virtutisque magneticae et electricae. Atque haec quidem exempla naturae ordinem et rationem, quae sit, ostendunt, ut adeo verisimillimum sit, alias etiam adhuc esse posse vires attrahentes. Etenim natura valde consimilis et consentanea est sibi. Subdit tamen: Qua causa efficiente hae attractiones peraguntur, in id vero hic non inquiro. Quam ego attractionem appello, fieri sane potest ut ea efficiatur impulsu vel alio aliquo modo nobis ignoto. Multa vero statim exempla ex Chymicis maximam partem petita per vim illam attractivam explicat, ubi rationes phaenomenorum quaeruntur. Ita p. 335 causam cohaesionis vim attractivam pronuntiat. P. 338: In Mechanicis, inquit, ubi attractio desinit, ibi vis repellens succedere debet, cujus existentiam probat per radiorum reflexionem et emissionem luminis ab ea fieri statuit. Mox p. 339 phaenomena elateris in aëre per eandem vim explicat. P. 340 eidem vi repellenti tribuit, quod muscae in aqua inambulant, nec tamen pedes suos madefaciant. Sed plura huc congerere taedet.

Dabam Halae d. 17 Aug. 1710.

LVI.

Leibniz an Wolf.

Gratissimas Tuas recte accepi, et quaedam ad recensionem operis Cheynaei subinde annotavi ad explodendas illas novas qualitates occultas profutura, quibus nunc quidam fascinantur. Existentiam numinis probare argumentis frivolis nocivum est. A finibus seu rerum ordine et ab origine animalium sumtum, etsi non sit metaphysicae necessitatis, praebet tamen certitudinem moralem. Sed infirmum 'est quod ab insufficientia mechanismi ducitur, quo eodem, et eodem fere modo quo Cheynaeus, etiam Henricus Morus usus erat.

Cum Newtonus loco a Te allegato concedat, attractionem ab impulsu oriri posse, eo ipso videtur agnoscere admitti posse fluidum subtile impellens, et adeo sibi nonnihil eum adversari, dum vacuum iis argumentis probat, quibus fluidum hujusmodi excludere conatur. Caeterum vires illae quas affert admitti possunt, si ponantur ut phaenomena seu effectus, non ut causae, eo modo quo gravitatem admittimus, etsi gravitatem primigeniam seu a causa mechanica independentem non admittamus. Mirum vero est, quomodo concipiat spatium posse esse sensorium substantiae incorporeae supremae, cum spatium a nobis concipiatur ut res immutabilis. Apud nos qui talia doceret, ei a Theologis negotium facesseretur.

LVII.

Wolf an Leibniz.

Nullus dubito, quin E. V. recensionem Miscellaneorum Berolinensium acceperit, cumque audiam, novum eorundem Tomum ad praelum parari, experimenti mei hydrostatico-anatomici descriptionem consignabo, si adhuc tanti videatur, ut iis inseri possit. Mitto jam recensionem novae editionis Ephemeridum Barometricarum Ramazzini, quam jubente E. V. adornavi ut corrigantur et addantur, quae ex re visa fuerint. Illustr. Comes ab Herberstein ad me deferri curavit suam circulorum diatomen, cujus ratio ex schedula adjecta patebit. Addidi schema quadraturae circuli, de qua nuperrime gloriatus est Ludolffus, Prof. Erfurtensis, sed ex vano, ut mihi videtur. Heri in manus meas incidit Listeri dissertatio de humoribus, Amst. 1701 (ut titulus pro se fert) excusa, in qua Keilii virium attractricium hypothesin operose refellit et in praefatione Medicos perstringit, qui in Medicina Geometricis calculis utuntur, cum nondum sit ejus status, ut cum fructu id fieri possit. Enim vero serio librum evolvere nondum licuit etc.

Dabam Halae Saxonum d. 25 Oct. 1710.

LVIII.
Wolf an Leibniz.

Quod litterae quaedam meae, quibus recensio Miscellaneorum Berolinensium continebatur, perierint, doleo, imprimis cum in iisdem de quibusdam informari ab E. V. ea, qua par est, animi submissione rogabam. Scilicet in Miscell. Berolinens. p. 23 E. V. affirmat, esse superiorem Mathematica scientiam, parem certitudine, majorem virtute atque efficacia, ubi rationes ideales non tantum a sensibus, sed etiam ab imaginibus sejunguntur: quae verba quamprimum legi, statim animum incessit cupiditas notionis hujus scientiae adipiscendae, nec diffidebam fore, ut E. V. precibus meis annueus aliquam mecum communicaret. Praeterea nuper addiderat

E. V. recensioni operis Cheynaeani, ex meditationibus Leibnitianis patere, omnia in natura Mechanice fieri, principia Mechanismi vero ab altiori principio per rationes finales oriri. Avebam igitur scire, num quodnam sit illud altius principium et quomodo ab eodem Mechanismi leges deriventur, alicubi jam ostensum sit ab E. V., num forte in quodam opere, quod Msc. vidi et nunc in Belgia prodiisse intelligo. Denique explicaturus in Collegiis Physicis communicationem motus secundum mentem E. V. quasdam adhuc difficultates reperio, quas ut tolleret, debita devotione oravi, nec dubito, quin exorassem, si litterae meae redditae fuissent. Scilicet si vires derivativas pro modificatione primitivarum habendae, reddenda tamen est hujus modificationis ratio eaque intelligibilis, quemadmodum figurae in extensione mutatae ratio conceptibilis reddi potest: illam autem me nondum assequi posse lubens fateor. Mentionem in recensione Misc. Berolinensium (quam denuo mitto) injicio machinae Arithmeticae Poleni, sed jam tum monui, me ejus schema litteris adjungere non posse, propterea quod admodum perplexa adeoque delineatio nimis 'molesta. Quod E. V. me in Societatem Scientiarum recipere dignata fuerit, grata mente agnosco daboque, ubi factum fuerit, operam ut honor non inanis in me collatus esse videatur, imprimis autem omnem lapidem movebo, ut emoriar etc.

Dabam Halae Saxonum d. 8 Nov. 1710.

P. S. Nuper jam calculum circa quadraturam circuli Ludolfianam institui, atque, ni fallor (calculum enim ipsum nec reperire, nec repetere nunc vacat) reperi esse ut 100 ad 359, ita diametrum ad peripheriam, quae proportio justo major.

LIX.
Leibniz an Wolf.

Esse superiorem quandam (scientiam) Mathematica nec minus certam, Tibi ipsi dubium esse non potest. Logicae pars de figuris et modis agens exiguum quoddam ejus specimen est. Certe in ipsa Algebra et Numeris animus ab imaginibus abstrahitur; sed de formis et similitudinibus non minus accurate et utiliter tractari posse quam de quantitatibus et aequationibus ostendit ipsa Algebra, cum ad formulas reducta Combinatoriae subordinata apparet.

Principia rei Mechanicae pendere ex altioribus, aliquoties admonui in Actis. Tale est Axioma, effectum integrum causae plenae aequivalere, quod utique metaphysicum est, sed fundamentum ultimum habet in sapientia divina, convenientissimum eligente.

Ratio modificationum vis primitivae est eadem utique cum ratione legum motus. Ea autem, ut dixi, intelligibilis quidem est, sed non ex meris mathematicis. Poleni libellum habeo; in ejus machina una operatio fit post aliam, adeoque prolixe, cum in mea omnes fiant simul.

LX.
Wolf an Leibniz.

Quae nuper E. V. ad dubia mea rescripsit, perplacent et in plerisque satisfaciunt. Unicum saltem adhuc circa modificationem vis primitivae superest. Scilicet cum vim primitivam ab essentia materiae non diversam concipiam, non capio, quomodo augeri possit, quantitate materiae immutata, et quomodo per leges conflictus fieri possit, ut quicquid virium ab uno corpore perditur, id alteri acquiratur; quod quidem locum habere poterat, si instar alicujus entis conciperetur per materiam diffusi et ex una quantitate ejus in aliam proruentis. Haec vero mihi absona videntur.

Caeterum cum nuper considerarem axioma, effectum plenum causae plenae aequivalere, videor mihi inde deduxisse demonstrationem perfacilem theorematis E. V. de aestimandis viribus vivis. Ponamus enim corpus A (fig. 11) moveri per CD celeritate simpla, B vero per EF dupla, erunt singuli impetus (pono enim $A = B$) corporis B dupli ipsius A. Ergo in $EL = \frac{1}{2}CD$ tantundem motus producetur a B, quantum in CD producitur ab A. B igitur in tempore subquadruplo eundem effectum producens, quem A producit per CD. Quare ejus vires sunt quadruplae virium hujus.

Cum opus E. V. in causa Dei conscriptum una plures recensiones mereatur, primam nunc mittere debui, ut certior evadam, num in omnibus mentem ipsius fuerim assecutus.

Dabam Halae Saxonum d. 31 Decembr. 1710.

LXI.

Leibniz an Wolf.

Si de Materia prima, seu mere passivo sermo sit, sive de eo quod in nuda resistentia consistit, vis primitiva non est de Essentia Materiae, etsi sit de Essentia corporis. Necesse est conatus et impetus actionesque quae ex iis sequuntur, cum sint accidentia, esse modificationes cujusdam substantialis, seu permanentis, quod ipsum debet esse activum, ne in modificatione plus insit quam in modificato. Itaque a me appellatur Entelechia primitiva, vel etiam Entelechia simpliciter. Hujus ergo Activi substantialis seu vis primitivae modificationes sunt vires derivativae, uti figurae sunt modificationes passivi substantialis, nempe materiae.

Sciendum autem est vires non transire de corpore in corpus, quia corpus quodlibet vim quam exerit, jam in se habet, etsi ante modificationem novam eam non ostendat, nec ad motum totius convertat. Ex. gr. cum globus quiescens ab alio percutitur, movetur per vim insitam, nempe elasticam, sine qua non esset percussio. Vis autem Elastica in corpore nascitur ex motu intestino nobis invisibili. His autem mechanicis seu derivativis ipsa Entelechia primitiva respondens modificatur. Itaque dici potest, omni corpori jam vim inesse, eamque tantum modificatione determinari. Caeterum vis prima revera nec augetur nec minuitur, sed tantum varie determinatur.

Ratiocinatio Tua de aestimandis viribus distinctius paulo evolvenda esset. Ponamus (inquis) corpus A moveri per CD celeritate simpla, corpus vero B ei aequale per EF celeritate dupla. Pergis, fore singulos impetus corporis B duplos singulorum impetuum corporis A, ergo in EL, dimidia EG vel dimidia CD, tantum motus produci a B in EL, quantum ab A in CD. Hoc postremum quidem verum est, si per motum intelligas actionem motricem, sed debet probari, et si rem per gradus celeritatis seu impetus aestimes, ut facis, et ut solent facere qui motus quantitatem celeritatis proportione aestimant, nihil tale conficies, quia ad tempus applicari debent isti gradus. Nempe esto tempus TP et cuivis ejus momento veluti M assignetur pro corpore quidem A impetus MA simplus, pro corpore vero B impetus MB duplus. Omnes impetus corporis A durante tempore TP simul sumti constituent rectangulum TQ, et omnes impetus corporis B etiam simul sumti constituent rectangulum TR, quod est duplum prioris. Nempe hoc sensu impetus nihil aliud sunt quam velocitates. Et bisecta EF in G et EG in L, non potest dici, debere in EL dimidia ipsius CD tantum motus produci quantum in CD, nam in CD percurrenda producitur rectangulum TQ, sed in EL percurrenda producitur tantum rectangulum TN, quarta scilicet temporis parte. At TN non aequale est ipsi TQ, sed ejus dimidium. Dices impetum non

esse applicandum tempori, sed spatio percurrendo seu lineae,
nempe effectui; sed probandum erat hoc licere; tempus enim est res
ab impetibus independens, at spatium percursum minime, cum a
tempore et impetu pendeat; unde merito dubitatur an impetus
iterum spatio applicare liceat. Neque sequitur hoc ex illo axiomate,
quod causa aequetur effectui, nam in hoc axiomate intelliguntur
effectus causam absorbentes, nec curatur velocitas. Sed in actionibus istis puris actiones sunt in ratione composita effectuum
et velocitatum, quod verum quidem est, sed demonstrari debet,
non supponi, cum sit demonstrabile. Et ecce argumentum, etsi
mirae simplicitatis, profundum tamen, quod ante multos annos communicavi Dn. Joh. Bernoullio, nescio an et Tibi. Est et ipsum
mere, ut sic dicam, metaphysicum seu a gravitate, Elastro, motus
obliqui compositione aliisque physicis rebus abstractum; unde altius
ascendit quam quae a physicis istis et posterioribus sumuntur.
Demonstratio igitur talis est: Eodem existente corpore mobili,
1) Actio uniformis, qua percurritur linea L tempore T, est dimidia
actionis uniformis qua percurritur linea bis L tempore bis T.
Hoc per se patet. 2) Actio uniformis, qua percurritur linea bis L
tempore bis T, est dimidia actionis uniformis qua percurritur linea
bis L tempore T. Hoc assumitur, ubi nulla effectus, sed solius
temporis ratio habetur, effectu existente eodem. 3) Ergo Actio
qua percurritur linea L tempore T, est quarta pars actionis qua
percurritur linea bis L tempore T. Ita demonstratur aestimatio
actionis per effectum, ex suppositione quae nullam effectus rationem
habebat, sed solius temporis. Hinc jam consequens est quod
assumsisti, actionem per EL in tua figura aequari actioni per CD.
Hinc conficitur, Actiones non esse aestimandas ex impetibus seu
celeritatibus et temporibus, sed esse in ratione composita effectuum
et velocitatum, loquendo de effectibus puris seu vim non absorbentibus, qualis est percursio lineae in plano horizontali. Secus
est de effectibus vim absorbentibus (ut in gravibus et elastris), ubi
vires sunt ut effectus, a quibus absorbentur. Calculum igitur vi-

rium purarum seu actionum talem instituo: Sit spatium s, tempus t, velocitas v, corpus c, effectus e, potentia p, actio a; in motu aequabili erit tv ut s, e ut cs, tp ut a. Atque haec quidem sine demonstratione assumi possunt. Accedat jam demonstratum ev ut a. Hinc porro plurima theoremata demonstrari possunt, ex. gr. esse p ut cvv. Nam tp ut ev, sed e ut cs, et s ut tv, ergo e ut ctv, et ev (seu tp) ut ctvv, ergo p ut cvv. In motu inaequabili res etiam procedit, sed ordinatim invicem ducenda sunt quorum rationes componuntur, et in elementaribus summa dat aestimationem totalem. Et in his continetur pars meorum Dynamicorum abstracta maxime a rebus sensibilibus.

LXII.
Wolf an Leibniz.

Accepi hodie litteras a Secretario Societatis Regiae Scientiarum, quibus significatur, me in eam receptum esse: quod tamen se mittere ait diploma, inter reliqua non comparet. Quoniam vero satis intelligo, id honoris me unice favori Excellentiae Vestrae debere, ea quoque, qua par est, animi submissione eandem veneror et humillimas gratias persolvo. Cum autem non constet, utrum Dn. Secretario honorarium aliquod sit persolvendum necne, et an epistola ad Societatem sit perscribenda, qua eidem quoque pro receptione facta gratias decentes agam, ut Excellentia Vestra haud gravatim mihi significet, quid factu opus sit, est quod rogo.

Quodsi etiam consultum videatur, ut methodum meam quasdam partes corporis animalis felicius dissolvendi, quam post multas macerationes cultro Anatomico factum reperio in novissima Anatomiae Verhegeni editione, speciminis loco communicem; eam in ordinem redigam et quae posthac ulterius detexi, adjiciam. Nimirum cum ad partes minores distendendas vis aquae juxta methodum alias communicatam non sufficiat, ope antliae efficio, ut pressio aëris in ejus locum succedat: immo reperi quoque, si antlia utamur, intra substantiam ex. gr. vesicae aërem ita allici posse, ut cultri Anatomici munere fugatur et partes heterogeneas difflando separet. Caeterum non dubito, quin E. V. ultimas meas acceperit, in quibus paulo distinctius proposui, quae mihi circa demonstrationem theorematis Dynamici videantur. Gratum mihi erit E. V. de ea judicium.

Dabam Halae Saxonum d. Martii 1711.

LXIII.

Wolf an Leibniz.

Accepi heri litteras E. V., sed nullo sigillo munitas. Scripsi hodie ad amicum quendam Jenensem, ut quam proxime me certiorem reddat, num ibi Ruhlmannus adhuc degat. Anno praeterito apud nos degebat, sed sine applausu et clanculum docens (quod Facultas Philosophica non satis decenter petenti docendi privilegium gratis concedere nollet) diutius hic loci subsistere non poterat. Cum famulum apud Dn. Menkenium ageret, studio historico cum cura incubuit, quod et postea excolere non neglexit. Multa ex scriptoribus antiquis historiae patriae congessit et ejus quoddam compendium praelo destinaverat, sed bibliopola non videtur satis remunerari voluisse operas ejus. Jactabat etiam methodum breviori temporis spatio, quam vulgo fieri solet, linguam latinam perfecte addiscendi a se inventam et (ut ajebat) cum successu jam aliquoties tentatam, sed quam publicare nolebat sperans fore, ut ea munus quoddam in scholis mereatur. Genus tamen scribendi, quo ipse utebatur, Latina callentibus non arridebat.

Dn. Hartsoekerus magis contemtim de Newtono loquitur, quam de Dn. Bernoullio et mirum profecto, quod scribere non vereatur: Le systeme de Mr. Newton fait grand bruit dans le Monde, puisqu'il y a une douzaine de Sçavans en Europe, qui ayant établi une espece de commerce des louanges reciproques, le louent avec excez et qu'un grand nombre de gens, qui ne sont que les échos des autres, le louent avec autant d'excès, non parce qu'ils l'entendent, mais seulement pour faire croire dans le monde qu'ils sont aussi initiez dans ces mysteres. Nuper amicus quidam, qui in itinere per Germaniam ipsum convenerat, referebat, quod de summis in Analysi inventis contemtim locutus fuisset et suos in Physicis conatus Geometrarum laboribus multum praetulisset.

Accepi quoque a Dn. Hermanno litteras, quibus se ad Professionem Francofurtanam obeundam venturum promittit, si salarium 500 thalerorum constituatur. Plura etiam ipse scripsit ad Dn. Cunonem. Caeterum significat, P. Grandum secundam dedisse editionem libelli sui de Quadratura circuli et hyperbolae per series infinitas priore auctiorem cum variis appendicibus de dimensionibus et transformationibus curvarum. Prodiisse quoque ejusdem opusculum de infinitis infinitorum, quo multis adversus Varignonium circa spatia plusquam infinita Wallisii disputat. Incidit in manus meas Essay de Perspective par Gravesande, Docteur en droit. Hoc ipso anno impressus est libellus, et varias continet methodos novas facillimis demonstrationibus munitas. Quod superest, favori E. V. me commendo.

Dabam Halae Saxonum d. 16 April. 1711.

LXIV.

Wolf an Leibniz.

In eo eram, ut ad E. V. litteras darem, tum ut gratias agerem
humillimas pro singulari favore nuper mihi praestito, tum ut quae-
rerem, num E. V. objectionibus Muysianis quaedam opponere velit.
Sed ecce! Tum epistola E. V. mihi redditur cum responsionibus
desideratis, quae tanquam ab Anonymo transmissae Actis inserentur. Miror profecto tam jejunam principiorum physicorum in opere
tam vasto pertractationem; miror exiguum rationum pondus, quibus utitur et quas pro demonstrationibus venditat, ex. gr. dum
gravitatem non esse vim primitivam sibi demonstrasse videtur, exinde quod corpus grave filo suspensum, resecto filo delabatur, cum
tamen in quiete permanere deberet, vi axiomatis quod corpus
unumquodque statum suum conservet, donec a causis externis inde
deturbetur. Explicationes quoque terminorum abstractorum mihi
non satisfaciunt. Vehementer itaque opto, ut E. V. (ni grave fuerit)
mecum communicet veras essentiae, attributi et modi notiones.
Ego hactenus essentiam concepi per modum, quo unaquaeque res
possibilis; attributum per id, quod ex essentia in se specta pro-
fluit; modum vero per id, quod ex essentia unius rei cum essentia
alterius collata derivatur. Responsiones E. V. contra objectiones
Muysianas mihi abunde satisfaciunt; sed id adhuc difficultatis mihi
restat, quod non satis distincte concipere valeam, quomodo vis
primitiva modificetur, dum ex. gr. motus in gravi descendente acceleratur. Mutationes in extensione per imminutum partium aut
augmentatum numerum variatumque ipsarum situm clare ac distincte concipiuntur: sed quid accidat vi primitivae, dum ex. gr.
globus A impingit in globum B, nondum capio, aut dum globum A
manu projicio. Porro ego hactenus vim primitivam, in cujus modificatione impetus consistit, non distinxi a vi inertiae, qua corpus B resistit impetui alterius A. Resistentiam enim concepi pro

reactione vi unius ejusdemque, quae corpori inest, quatenus nempe contrariam habet directionem directionis impingentis. Neque adeo vim illam ab eo, quod est, extensum distinxi, quoniam ex illo ipso conatu progrediendi secundum aliquam directionem visa mihi est fluere impenetrabilitas materiae et hinc porro extensio, hoc est, partium extra partes positio. Sed facile video, me mentem E. V. nondum satis assequi; quin potius diversos parumper fovere conceptus. Gratum igitur erit, immo gratissimum, ubi rem apertius intueri dabitur.

Dabam Halae Saxonum d. 26 Jun. 1711.

P. S. Conscripsi dissertatiunculam de siphone meo anatomico et observationibus ei debitis: scire itaque velim, ad quemnam ea mittenda, si Miscellaneis Societatis inserenda.

LXV.

Wolf an Leibniz.

Mitto praecipua momenta, quae in recensione operis Muysiani attingere visum est, ut, si forte E. V. e re ducat, quaedam hinc inde moneri, illa adscribere dignetur. Divisionem materiae in infinities infinitum mihi parum firmo argumento probare videtur, ut et pleraque alia. Sed, ut lubens fateor, quae mihi hactenus innotuere argumenta, eadem labe infecta videntur, ex Geometria enim desumta, cujus hac in re subsidium mihi suspectum. Cartesianum vero ab extensione petitum falsa ipsorum hypothesi nititur. Non tamen dubito, quin E. V. firmius argumentum mecum communicare valeat, quo probetur, extensum finitum actu infinitas partes continere.

Inviderunt etiam his diebus in manus meas Elementa Scientiae naturalis Joa. Regii, Med. Dr. et Phil. Prof. in Acad. Franequerana, ibi loci hoc anno in 8 edita, ubi Autor, licet minime Cartesianus, p. 99 contra conatum corporis haec scribit: Male quoque corpori trihuitur conatus aut impetus ad motum, cujus vi de loco in locum transfertur: talis enim impetus, cum in ipsa corporis natura nihil activi reperiatur, a motore in corpus deberet transire; sed cum ille impetus modus sit, in subjectum transire nequit, et si transire posset, corpus substantia mere passiva non foret idoneum ejus subjectum, neque modus adventitius ex subjecto passivo activum facere potest. Possent, si ita visum fuerit, per modum appendicis ad responsiones Muysio datas, quaedam ad hoc argumentum reponi.

Halae Saxonum d. 1 Jul. 1711.

P. S. Dn. Hermannus jam tertia vice ad me scripsit, ut ipsum edoceam, quo in statu negotium E. V. satis notum sit positum. Litteras quoque ait se ad E. V. dedisse, sed multum vereri, ne interciderint. Videntur plures in Italia ipsi infensi, ut adeo apud nos degere mallet. Nascentur dubio procul ipsi lites cum Mathematico quodam Bononiensi, Verzaglia, ut partim ex ipsius litteris, partim ex Diario Veneto colligo.

LXVII.

Leibniz an Wolf.

Ut ad Physica Elementa veniam, optime recensuisti Generalia illa Muysiana. Aspersi notulas inclavatas hoc modo [ ] sed ita, ut Recensitor non tam suam dicat sententiam, quam referat, quid a quibusdam sentiatur.

Quaeris, quomodo vis primitiva modificetur, verbi gratia cum motus gravium descensu acceleratur; respondeo, modificationem vis primitivae, quae est in ipsa Monade, non posse melius explicari,

quam exponendo quomodo mutetur vis derivativa in phaenomenis.
Nam quod in phaenomenis exhibetur extensive et mechanice, in
Monadibus est concentrate seu vitaliter. In gravibus (exempli
causa) accelerationem fieri constat percussione continua gravis
nova, velut si quovis determinato exiguo intervallo temporis a globo
aliquo aut globulis percuteretur. Porro sciendum est, omnem vim
derivativam novam produci interventu Reactionis. Reactio autem
ista in se indefinita est, et pendet ab alio agente, cujus directioni,
ut certe mones, contraria est reagentis directio. Hinc porro nascitur in percussis compressio, et rursus exercitium vis Elasticae
seu Compressi restitutio. Ea autem vis (perinde ac vis reagendi)
est insita corpori (oritur enim a perfluente liquido insensibili) et
per se indefinita determinatur ipsa quantitate percussionis adeoque
compressione resistentis et restitutione compressi. Quod autem
per reactionem resistentis et restitutionem compressi exhibetur
Mechanice seu extensive, id in ipsa Entelechia (ut jam dixi) con-
centratur dynamice et monadice, in qua mechanismi fons et mechanicorum repraesentatio est; nam phaenomena ex Monadibus
(quae solae sunt verae substantiae) resultant. Et dum mechanica
ex circumstantiis externis determinantur, eo ipso in fonte ipso
Entelechia primitiva harmonice modificatur per se, quia dici potest,
corpus omnem vim suam derivativam habere a se ipso. Quod
cum etiam in ipsis compositis seu phaenomenis verum deprehen-
datur (dum corpori computatur liquidum continue affluens), multo
magis in Monadibus, ipsisque adeo substantiis erit dicendum.
Substantiae autem tot sunt, quot Machinae naturales seu corpora
organica; aggregata autem hinc resultant, qualia sunt omnia non
organica, et ipsa fragmenta organicorum. Caeterum Reactio prae-
supponit omnis resistentiae fontem seu antitypiam, nec corpora
resisterent, si penetrabilia essent instar spatii vacui. Itaque prior
est impenetrabilitas. Quod enim dicis, videri ex conatu progrediendi sequi impenetrabilitatem, non capio. Nam si dicis, aliquid
conari aut progredi, quaero, quid sit illud quod progreditur, seu

quid sit essentiale in eo, cui progressus est accidentalis; seu quid insit progredienti praeciso sive separato per mentem progressu. Cogeris, ni fallor, fateri inesse ipsi jam antitypiam cum vi quadam indefinita agendi, prout occasiones ex percussionibus offeruntur. Horum essentialium diffusio seu iteratio extensionem corporum facit.

Essentiam nosci, cum rei possibilitatem intelligimus, exposui olim in Actis Eruditorum, ubi de Veritate et Ideis. Attributa voco praedicata primaria, sed derivativa voco affectiones. Modum esse variationem in limitibus ejus, quod essentiam constituit, aliquoties dixi; nec opus est, ut modificationes in una re semper oriantur ex alia, quia in Monade oriuntur ex ipsamet. Nam Monades cum sint in statu fluendi, habent vim. Et una Monas non dependet ab alia per influxum physicum, sed per idealem, dum autor rerum initio unam alteri accommodavit. Quodsi modificatio aliud quiddam foret praeter varietatem limitum rei substantialis per se indefinitae, utique adderet vel detraheret rebus aliquam positivam et absolutam realitatem, adeoque in modificatione esset creatio vel annihilatio, ut Baylius alicubi velle videbatur, qui hinc volebat, accidentia differre a substantiis. Sed creationis necessitas tantum locum habet quoad ingredientia mere positiva, quae cum substantiis manent, limites vero in accidentibus variantur, ita etiam ea in re quod figurae exhibent extensive, Entelechiae continent concentrate, et quod in illis est mechanicum, in his est vitale.

Si Dn. Stablius vester percepisset meam de exacto consensu Mechanicorum et Vitalium sententiam, Mechanismum vitalibus non ita opposuisset. Et vitalis illa Medicina Helmontii, si rem ad animas affectusque earum referas, in corporibus mechanismo perficitur, etsi quoties affectus ad valetudinem conferunt, vitalia nobis sint mechanicis notiora. Itaque utiles subinde sunt Helmontii et Helmontianorum (quibus Dn. Stahlium computo) meditationes, sed

peccant illi et in chimaeras incidunt, dum mechanismum subesse
negant. Quod superest, vale etc.

Dabam Hanoverae 9 Julii 1711.

LXVII.

Leibniz an Wolf.

(Im Auszuge)

Non probo materiae divisionem in partes infinitesimas et
multo minus in infinities infinitum. Et uti infiniti sunt numeri fracti
assignabiles, alii aliis majores, ut tamen non sit necesse venire ad
infinite parvos, ita idem de lineis sentio. Geometria non probat
dari quantitates infinitesimas, sed extensionem semper dividi posse
manifestum est, v. gr. cum rectae omnes sint similes et pars
rectae sit recta, non minus secabilis erit pars quam totum; sed
ego ex physicis vel potius metaphysicis addo, quodlibet extensum esse actu subjectum, seu constare ex partibus diversos motus
habentibus.

Dn. Johannes Regius, quem memoras, optime vidisse videtur,
conatum vel impetum, cum sit rei modus, debere esse modificationem rei substantialis activae; unde si materiae competeret,
facturum ex subjecto passivo activum, et ipsummet fore rem ad-
ventitiam, contra naturam modi. Sed sine probatione supposuit,
in ipsa corporis natura nihil activi reperiri. Itaque hactenus valet
ejus argumentatio, ut vel nullus sit impetus, vel in corpore sit
aliquod activum substantiale, quod per impetum modificari possit.
Atque hoc credo facilius admittetur a considerante (cum tot aliae
rationes concurrant), quam impetus negabitur, quem philosophi
facilius admisere, postquam experimentis compertus est motus impressus a motore translato, de quo extat Epistola Gassendi, in

qua ostendit, sagittam ex navi velocissime remis acta sursum missam versum zenith cum navi progredi et in eam recidere in eum fere locum, unde emissa fuit. Equidem ex his solis metaphysico rigore non probatur existentia impetus contra eos qui immediate ad Deum confugiunt, sed tamen impetus observandi occasionem dedere. Illa enim advocatio immediati concursus divini praeter necessitatem paucis credo probabitur.

LXVIII.

Wolf an Leibniz.

Scripsi ad Dr. Rühlmannum et percontatus sum, quando liberum ipsi fuerit Hannoveram venire. Quamprimum responsorias accepero, eas ad E. V. deferri curabo. Equidem ad litteras mihi longe carissimas · ob varia ad recte philosophandum necessaria, quae continent, non respondere decreveram, antequam illas obtinerem, inprimis cum mihi adhuc unum alterumque dubium supersit, quod ut clarius evadat, integra mea philosophandi methodus cum meis ea de re hypothesibus explicanda videtur; quoniam tamen E. V. in nuperis scribit, se ad Dn. Hermannum litteras quasdam daturum, atque interea temporis ipse quasdam ad E. V. dederit meis inclusas, consilium mutare coactus fui. Nihil tamen nunc addo, nisi quod gratias agam maximas pro multiplici veritatum rarissimarum et fertilissimarum genere, quibus cognitionem meam locupletare dignata est E. V.

Dabam Halae Saxonum d. 15 Jul. 1711.

LXIX.

Leibniz an Wolf.

(Im Auszuge)

8 Decembr. 1711.

Cum inspicerem nuper Novembrem Actorum Lipsiensium hujus anni, reperi quaedam in Tua contra definitionem motus objectione, in quibus haereo, ut cum ais, quod est reale in motu, nempe nisum corporis, non minus in quiescente quam in motu deprehendi, allegasque globum gravem ex filo pendentem, qui nisum exercet. Sed ego censeo globum in hoc statu revera non quiescere; si sensibus possemus assequi naturae subtilitatem, videremus globum esse in perpetua deorsum ac sursum vibratione, ut cum appenditur filo alicui orichalcino helicali, ubi aliquamdiu eum reciproce descendere et ascendere videmus. Etsi autem ista oscillatio ad sensum cesset, nunquam tamen cessat revera.

LXX.

Wolf an Leibniz.

Maximas ago gratias, quod E. V. ingeniosam paradoxi circa scientiam infiniti demonstrationem sub epistolae ad me forma Actis Eruditorum *) inserere decreverit. Quemadmodum vero mira naturae lex, ad quam E. V. provocat, multum et admirationis et voluptatis in me excitavit, ita simul incitamento mihi fuit, ut tentarem, annon in aliarum serierum summis similiter observetur. Quamobrem seriem $\frac{1}{1+x} = 1 - x + x^2 - x^3 + x^4$ etc. per alios nume-

---

*) Act. Erudit. Lips. Suppl. Tom. V. ad an. 1713.

ros explicavi, nec sine jucunditate statim animadverti fractionibus $\frac{1}{3}, \frac{1}{4}, \frac{1}{5}, \frac{1}{6}$ etc. respondere progressiones Geometricas alternis signis affectas et sive in integris sive in fractis in infinitum continuatas. Est nempe $\frac{1}{3}=1-2+4-8+16-32+64$ etc. in infinit. vel $\frac{1}{2}-\frac{1}{4}+\frac{1}{8}$ $-\frac{1}{16}+\frac{1}{32}-\frac{1}{64}$ etc. in infinit. $\frac{1}{4}=1-3+9-27+81$ etc. in infinit. vel $\frac{1}{3}-\frac{1}{9}+\frac{1}{27}-\frac{1}{81}$ etc. in infinit. Et ita porro. Non minus vero paradoxum, esse ex. gr. $\frac{1}{3}=1-2+4-8+16-32$ $+64$ etc. quam $\frac{1}{2}=1-1+1-1+1-1$ etc. Patet enim, crescente numero terminorum, crescere quoque excessum summae supra $\frac{1}{3}$, si ultimus fuerit positivus, aut defectum ab $\frac{1}{3}$, si negativus. Impossibile igitur primo intuitu videtur, ut excessus in infinitum crescens tandem evadat $\frac{1}{3}$. Sed hunc nodum eodem modo solvi posse, quo Grandianus solutus, mihi manifestum videtur. Scilicet primum animadverti, has series non posse fieri fractionibus aequales, nisi ultimus positivus cum ultimo negativo idem ponatur. Si enim ex. gr. utrobique terminus ultimus sit m, erit summa omnium positivorum $\frac{m-1}{3}+m$, summa negativorum $\frac{m-2}{3}+m$, adeoque differentia $\frac{1}{3}$. Assumo igitur in infinito confundi ultimum et antepenultimum, seu potius cum evanescat ultimum, evanescere quoque rationem penultimi ad ultimum. Quare si in serie finita negativa terminus ultimus ponatur m, in positiva vero n, erit in infinito $m = n$. Terminetur itaque series termino positivo sitque ultimus negativus $= m$, erit ultimus positivus $= 2m$, summa positivorum $\frac{8m-1}{3}$, summa privativorum $\frac{4m-2}{3}$, adeoque differentia $\frac{4m+1}{3}$. Terminetur series termino negativo sitque positivus ultimus $= n$, erit ultimus negativus $2n$, summa positivorum $\frac{4n-1}{3}$, summa privativorum $\frac{8n-2}{3}$, adeoque differentia $\frac{-4n+1}{3}$. Jam cum in infinito nulla sit ratio, cur series potius numero positivo, quam negativo terminari fingatur et cur plures admittantur casus in quibus prodit $\frac{4m+1}{3}$, quam alii, in quibus $\frac{-4n+1}{3}$;

sumendum est ex regula E. V. medium arithmeticum $\frac{2m-2n+1}{3}$.

Sed in infinito $2m = 2n$; ergo summa $= \frac{1}{3}$. Haec demonstratio generaliter procedit in omnibus istis seriebus, calculo universali adhibito: immo locum habet non modo si series in integris progrediantur, sed et si progrediuntur in fractis. Et his modum solvendi paradoxum Grandianum ab E. V. adhibitum egregie confirmari arbitror.

Examinavi quoque circuli quadraturam Anglicanam, sed cum major Archimedea $7:22$ prodeat ratio diametri ad peripheriam, falsam judico; in confesso enim est, Archimedeam esse justo majorem. Calculum, quo usus sum, integrum adscribo. Sit (fig. 12) diameter circuli $AF = 1$, erit $AC = \frac{1}{2}$, $AB = \sqrt{\frac{1}{2}}$, $DC = \frac{1}{2}\sqrt{\frac{1}{2}}$, $ED = \frac{1}{2} - \frac{1}{2}\sqrt{\frac{1}{2}}$ et $8ED = \frac{8}{2} - \frac{8}{2}\sqrt{\frac{1}{2}} = 4 - 4\sqrt{\frac{1}{2}} = 4 - 2\sqrt{2}$. Jam ex hypothesi Autoris peripheria est $2AD + 8ED$. Ergo in numeris $6 - 2\sqrt{2}$. Est vero $\sqrt{2} = 1.4142$ etc., quare peripheria $6.0000 - 2.8284 = 3.1716$, quae jam in centesimis ternario differt a Ludolphina. Ponamus jam cum Archimede diametrum 7, erit juxta Anglum peripheria $42 - 14\sqrt{2} = 42.0000 - 19.7988 = 22.2012$, quae utique Archimedea major. Alteram rationem ad numeros ita revocavi. Si AC ponatur radius circuli dupli, erit $= \sqrt{\frac{1}{2}}$, unde $AD = DC = \frac{1}{2}$ et $ED = \sqrt{\frac{1}{2}} - \frac{1}{2}$, $ED^2 = \frac{3}{4} - \sqrt{\frac{1}{2}}$, adeoque $AE^2 = 1 - \sqrt{\frac{1}{2}}$, cui si addatur $AB^2 = \frac{1}{2}$ in circulo simplo, habetur ex mente Angli area ejusdem $\frac{3}{2} - \sqrt{\frac{1}{2}}$, quae divisa per $\frac{1}{4}$ dat peripheriam ut supra $6 - 2\sqrt{2}$.

Schelhammerus in Ephemeridibus Naturae Curiosorum contra experimentum E. V. circa mutationes barometri tria potissimum urget Ramazzino respondens: nempe 1. nubes aut guttulas aqueas in medio aëre suspensas esse, corpus vero in experimento superficiei innatare; 2. per illud experimentum non omnes mutationes salvari posse, quae circa descensum ☿ observantur; 3. corpus D ex capillo suspensum non potuisse premere aquam, dum ergo secto capillo per eam descendat, alterum librae brachium nonnihil attolli, quia ex altero corpus D non amplius suspendebatur, adeoque id pondere levabat. Cum Ramazzinus, qui aeque ac Schelhammerus, principiorum hydrostatices non satis gnarus videtur, ἀκύρως respondere soleat, cum venia E. V. in Actis Lipsiensibus breviter responderi poterat, nempe concedendo secundum, cum jam in Actis anni superioris annotatum sit, E. V. praecipuam causam in eo non quaerere, sed alias insuper assignare ibi recensitas; circa primum autem et tertium ostendendo ex hydrostaticis, quod corpus specifice gravius eodem modo augeat pondus, sive in superficie sive in medio haereat, etiamsi ex filo suspendatur; specifice levius vero superficiei incumbens et non suspensum integrum sui pondus aquae addat; in specie vero circa tertium monendo, quod pondus in librae brachium eodem modo gravitet, sive filo ex eo suspendatur sive fundo vasis ex eodem suspensi adhaereat.

Bibliothecam Germanicam Hallensem Gundlingius nunc conscribit, qui etiam recensionem promisit, non quod in aliis Eruditorum Diariis nulla extet, sed quod, quae ab aliis datae sunt, ipsi videantur insufficientes ac obscurae, scilicet quia nec vidit nec legit sibique solus sapere videtur. Quantum vero hac in re ab eo sperandum sit, ex recensione operis Raphsoniani de Deo intelligere datur.

Epistolam E. V. qua Budeo respondetur, cum multis jam communicavi. Hortantur me Dni. Thomasius et Ludwigius, ut quae generatim ibi dicuntur, specialius a me deducantur, ne fastum impune ferat hypocrita ambitiosus. Ego vero respondi, me nescire utrum E. V. venia id fieri possit, necne; haud difficulter alias ipsorum voto me locum daturum.

Rogavi, ni fallor, jam aliquoties, num studiosus Holsatus circa festum Paschatis Hannoveram abiens reddiderit Analysin Hugonis d'Omerique, et quid de ea videatur E. V.; sed nullum responsum ferens anxius haereo, num forte reddita non sit.

Dabam Halae Saxonum d. 12 Jun. 1712.

LXXI.
Leibniz an Wolf.

Respondissem citius, si prius vacasset elegantissimam tuam meditationem considerare attentius, qua ostendere aggrederis, ut $1-1+1-1$ etc. in infinit. est $\frac{1}{2}$, ita $1-2+4-8+16-32$ etc. esse $\frac{1}{3}$, et $1-3+9-27+81$ etc. esse $\frac{1}{4}$, et ita porro; in quo ego haesi, quia summationes serierum infinitarum solent postulare decrescentiam terminorum. Decrescentium autem velut limes est $1-1+1-1+1-1$ etc. Ut ergo videamus an satis fidi possit ratiocinationi, sequentia consideranda propono: Primum an, ut in illo $1-1+1-1$ etc. $=\frac{1}{2}$, possit et in reliquis res comprobari per demonstrationem linearem. Deinde an etiam in Tuis terminorum finitorum summatio det aliquid ad rem faciens et vel plane consentiens cum serie infinita vel saltem continue ad eam accedens. Tertio an ipsa Tua demonstratio satis accurate procedat. Primum Tibi amplius examinandum relinquo. Secundum, ni fallor, non succedit. Ex. gr. medium inter $1-2$ et $1-2+4$ seu inter -1 et $+3$ est $1,$ et medium inter $1-2+4-8$ et inter $1-2+4-8+16$ seu inter -5 et $+11$ est 3, et medium inter $1-2+4-8+16-32$ et $1-2+4-8+16-32+64$ seu inter -21 et $+43$ est 11. Ita vides, hoc crescere in infinitum nec accedere ad $\frac{1}{3}$. Et quod tertio ad demonstrationem attinet, nec summa videtur esse bene assignata, nec video cur differentiam inter terminatum per negativum et per positivum adhibeas. Nec hic licet ne in infinito quidem assumere $m = n$, cum semper sit $n = 2m$. Itaque rogo ut rem accuratius inspicias, ita ipse Tibi facile satisfacies. Ego cum rem non nisi obiter inspexissem, jam ingenio tuo gratulari putabam, opto enim ut detegas aliquid Te et scientia dignum; sed re inspecta pedem referre coactus sum, etsi praeoccupatus Dn. Hermanno jam scripserim, Te cogitationem meam egregie promovisse.

Nescio an Dn. Consiliarius Aulicus Hofmannus ad vos redierit: facturum ajebant. Ego magnopere doleo, Berolini eum diutius consistere non potuisse; plurimum enim ab eo nobis et Reipublicae literariae polliciebar.

Posses haud dubie perpulchre retundere censorem libelli mei Jenensem, multumque Tibi debeo, quod ea de re cogitas. Sed ego vellem prius Theologos nostros sententiam suam aperire de paradoxo Dn. Buddaei, quod (ex sententia supralapsariorum) nulla sit naturalis actionum moralitas nullumque adeo proprie jus Naturae, sed quod omnis justitia pendeat a divino arbitrio. Unde revera Deo justus appellandus non esset. Idem statuit, nihil esse possibile quod non actu fit, quod olim in Abaelardo fuit improbatum. Et hanc sententiam renovavit Hobbius, manifesteque hinc sequitur omnia necessario fieri.

Gratias ago, quod pseudotetragonismum examinasti. Dudum me Tibi significasse putabam, Hugonem de Omerique mihi recte redditum; quodsi nondum ideo gratias egi, id nunc facio. Misi schedam ad Dn. Schrökium inserendam continuationi Ephemeridum Curiosorum, ubi Dn. Schelhammero respondetur. Quod superest etc.

Dabam Hanoverae 13 Julii 1712.

LXXII.

Wolf an Leibniz.

Quod responsum tamdiu distulerim, non mihi, sed morbo imputandum, qui denuo meditationes ac labores meos ordinarios interrupit. Etsi non admittatur, esse $1 - 2 + 4 - 8 + 16$ etc. in infinitum $= \frac{1}{3}$ (quod tamen eodem modo sequitur, quo alterum $1 - 1 + 1 - 1 + 1 - 1$ etc. $= \frac{1}{2}$, etenim et in hac divisione si series

terminatur, addendum est loco ultimo $\frac{1}{2}$, sicuti in altera $\frac{1}{2}$); lex
tamen E. V. applicari potest ad series in Geometrica ratione de-
crescentes, ita ut eodem modo ostendatur esse $\frac{1}{2} - \frac{1}{4} + \frac{1}{8} - \frac{1}{16} + \frac{1}{32}$
etc. $= \frac{1}{3}$, et ita porro, quo E. V. ostendit, esse $1 - 1 + 1 - 1 + 1$
etc. $= \frac{1}{2}$. Cl. Hermannus loquitur de seriebus terminatis, ubi utique terminus ultimus toti seriei aequivalet, antecedentibus se
mutuo destruentibus, id quod et ipse P. Grandus in demonstratione
Theorematum Hugenianorum dudum agnovit. Sed mihi quidem du-
rius videtur, in infinito statuere terminum ultimum et de serie
infinita pronunciare, quod de finita quacunque enunciatur.

Addidi recensionem controversiae P. Grandi cum Portio, si
forte ea de re E. V. occurrat, quod utiliter moneri possit.

Dn. Menkenius misit ad me epistolam Marchetti, in qua
P. Grandi paradoxum impugnat, cum E. V. communicandam, si
forte tanti videatur, ut cum monitis quibusdam in Actis ejus mentio
fiat. Cum Italica nondum satis intelligam, ego quidem discere non
potui, quanti ponderis sint ejus argumenta.

Halae d. 28 Sept. 1712.

LXXIII.

Wolf an Leibniz.

Accepi heri ex dono Societatis Regiae Londinensis Commercium epistolicum D. Johannis Collins et aliorum de
Analysi promota, jussu Societatis sub finem anni superioris
in lucem editum: quod cum E. T. tangat, de eo ut statim scriberem consultum duxi. Scilicet omne scriptum eo tendit, ut ostendatur, de seriebus infinitis calculoque differentiali nihil ab E. T.
proditum esse quod non ante communicatum sit per litteras ab
Oldenburgio, immo quod mirum, ipsam seriem pro circulo infinitam

a Gregorio repertam et E. T. ab Oldenburgio communicatam asserunt scripti illius Autores. Verbo non obscure hinc inde insinuant, morem E. T. esse aliorum inventis inhiare, ita ut ubi recensetur, quae de lineis opticis, de resistentia medii et motu projectilium in medio resistente causisque coelestium motuum in Actis Eruditorum prodidisti, hanc tandem notam subjiciant: Hac licentia concessa, autores quilibet inventis suis facile privari possunt. Viderat Leibnitus epitomen libri in Actis Lipsicis. Per commercium epistolicum, quod cum viris doctis passim habebat, cognoscere potuit propositiones in libro illo contentas. Si librum non ividisset, videre tamen debuisset, antequam suas de isdem rebus in itinere scriptas compositiones publicaret. Dicunt aliqui falsas esse Tentaminis propositiones 11, 12 et 15, et Dn. Leibnitium ab his per calculum suum deduxisse propositiones 19 et 20 ejusdem Tentaminis. Talis autem calculus ad proPositiones prius inventas aptari quidem potuit, non autem inventorem constituere. Item p. 98 scribunt illi arbitri a Societate constituti: methodum differentialem Moutoni D. Leibnitius habuit 1673 et suam esse voluit, methodum aliam differentialem nondum habuit. Series postea habuit, sed quas anno 1675 ab Oldenburgo accepit, ab aliis prius accipere potuisset. Methodum generalem perveniendi ad ejusmodi series anno proximo ab Oldenburgo petiit, a Newtono accepit, antea non habuit. Methodum extrahendi radices in speciebus a Newtono simul accepit, qua methodus ejus per transmutationem figurarum nondum generalis in methodum quandam generalem evasit, sed inutilem: per extractiones solas res citius peragitur. A. 1677 methodum novam differentialem habuit, ac tantam methodi hujus anti-

quitatem Editores (sc. Actorum Lipsiensium) jactant,
majorem non asserunt. Methodum generalem vel serierum, vel differentialem Leibnitium vel primum
vel proprio marte invenisse, Newtonus nondum agnovit publice. P. 104: Certe methodum Newtoni ante
annum 1671 inventam fuisse Leibnitius ex litteris
ejus intellexerat, sed in Actis Lipsicis hoc nunquam
agnovit. Sic et se ab Oldenburgo series Newtonianas
et Gregorianas ineunte anno 1675 accepisse statim
oblitus est, et methodum serierum se ab Oldenburgo
postulasse et a Newtono accepisse statim oblitus
est, et problemata tangentium inversa ab aequationibus et quadraturis pendere se primum negasse et
subinde a Newtono didicisse statim oblitus est.
Alia non addo, quibus canderem E. V. non in dubium vocant, sed
aperte labefactare conantur illi iniqui satis arbitri, nisi quod tandem concludant: Quibus perpensis, D. Newtonum pri-
mum esse hujus methodi inventorem arbitramur, atque ideo D. Keillium eandem illi asserendo nullo modo
D. Leibnitium calumnia aut injuria affecisse. Miror
profecto decretoriam Sententiam a Societate Regia pronunciatam
esse et publicatam. Ceterum non latere volo E. T., exemplar mihi
destinatum ad manus meas pervenisse per Dn. Vaterum, Medicum
Wittenbergensem, juniorem, qui ante biennium in Anglia commoratus et ex cujus litteris accepi, quod multa exemplaria a membro
quodam Societatis ad eum missa fuerint, ut ea Mathematicis per Germaniam ex dono Societatis Regiae distribueret. Collectores quoque Actorum passim notantur tum in hoc scripto, tum in epistola
quadam Transactionibus nuper inserta, quod E. T. sint faventiores
et tribuant aliena. Immo in Transactionibus ridentur, quod instar Numinis colant E. T., quam satis inepte traducunt. Rogo denique, ut E. T.
significet occasionem commodam, qua scriptum illud mitti possit.

Halae Saxonum d. 1 Jul. 1713.

P. S. Dubius sum, an hujus scripti mentio fieri possit in Actis, antequam E. T. responsio prodierit. Interest quoque Collectorum ut se a studii partium vitio purgent.

LXXIV.

Wolf an Leibniz.

Fama de lue Viennae vehementer grassante impedivit, quo minus exemplaria desiderata de controversia circa calculi differentialis inventum miserim: in ea enim opinione fui, fore ut E. T. huc advolet. Sed quia video adventum tardari, ideo quatuor ad Dn. Münchium misi, ut ea ad E. T. deferri curet. Dn. Hermannus ante paucas hebdomades Halae me invisit eumque adhuc Berolini commorari arbitror, quia Dn. de Printzen ab aula usque ad festum D. Michaëlis abest. Ceterum ex eo intellexi, Dn. Bernoullium aeque ac me ignorare, quid responderi debeat Anglis inventionem seriei pro circulo $1 - \frac{1}{3} + \frac{1}{5} - \frac{1}{7}$ etc. Gregorio seniori tribuentibus, cum proferant litteras sub initium anni 1671 ad Collinsium a Gregorio scriptas, in quibus eadem jam habetur et quas cum E. T. communicatas esse ab Oldenburgio ex hujus quibusdam literis docere conantur. Ignoro itaque, utrum literae istae pro supposititiis habendae sint an vero concedendum, Gregorium quoque ad eandem seriem proprio Marte pervenisse. Miror tamen Anglos Transactionibus suis seriem istam ex Actis Lipsiensibus inseruisse tanquam inventum E. T., cum multo tempore ante ex litteris Gregorii idem publicare potuissent: immo miror Gregorium juniorem, cui patrui dubio procul inventa non ignota fuere, in suo Tractatu de Dimensione figurarum eandem seriem E. T. adscribere. Accedit quod Collinsius Gregoriana cum Newtonianis communicaverit, Newtonus vero in litteris suis agnoverit, neminem quantum constet eandem ante dedisse. Ipsum vero calculum differentialem quod attinet, nullum sane indicium contra E. T., nullum pro Newtono inde desumi potest, ut adeo nonnisi imperitis glaucoma facere possint Angli nullo argumento pugnantes. Video in Diario Parisino (Journal des Sçavans) mentionem injici hujus controversiae, sed addunt ejus Autores, se non credere, quod in sententia decretoria Societatis Anglicanae E. T. sit acquietura, adeoque responsum aliquod exspectari, unde plus lucis controversiae huic affundatur. Puto igitur e re esse, ut ex nundinis Lipsiensibus aliquot exemplaria ad Dn. Bernoullium mittantur, quo cum amicis exteris ea communicare possit. Si quo alio tempore, hoc praesertim opto, ut E. T. valeat.

Dabam Halae Saxonum d. 15 Sept. 1713.

LXXV.
Wolf an Leibniz.

Controversiae de inventione calculi differentialis mentio facta est tum in Diario Parisino, tum in Novis litterariis, quae idiomate Gallico Hagae Comitum ab aliquo tempore eduntur, sed ita ut in hac Analyseos parte et scriptis recentioribus versati judicare debeant, E. V. sibi attribuisse inventum alienum, quod per litteras Oldenburgii communicatum fuerat. Scribunt E. V. magnam controversiam hactenus extitisse cum Newtono circa hoc inventum, sed cum inter vos convenire non potueritis, E. V. provocasse ad judicium Societatis, quasi in ejus sententia acquietura, quae vero re examinata pronunciaverit Newtonum esse primum inventorem et E. V. ab iis pro inventore habitam fuisse, quibus non visae sint litterae, in quibus hoc inventum per Oldenburgium a Collinsio communicatum fuit. Haec etiam in Diaria gemina Germanica (den Bücher Saal und die deutschen Acta Eruditorum) translata sunt. Exemplaria schediasmatis, quod jussu Tuo dudum imprimendum curavi, nonnisi ad eos misi, quos in Germania accepisse scriptum Anglorum acceperam. Nescio tamen, qui factum fuerit, ut Lipsiae Actis Eruditorum Germanicis fuerit insertum quasi ante sententiam decretoriam Societatis editum. Multi desiderant controversiae hujus expositionem et cum ad Menckenium tum ad me ea de re scripserunt. Ego igitur consultum judicarem ut vera enarratio ejusdem occasione scripti Anglici fieret atque ex illo schediasmate adjungerentur, quae contrarium ostendunt. Antequam tamen id facerem, ad E. V. scribendum esse duxi, ut pace Tua id fieret. Spero me paucas intra hebdomades novam editionem Newtoniani operis accepturum: amicus enim quidam in vicinia, qui in Angliam ejus gratia scripsit, propediem id expectat mihique promisit, se ubi acceperit statim ad me missurum. In ea demonstratum esse ajunt a Newtono, gravitatem esse vim primitivam, nec per ullas rationes mechanicas explicabilem. Vale etc.

Halae Saxonum d. 11 Decembr. 1713.

LXXVI.

Leibniz an Wolf.

Gratias ago quod mei defendendi curam geris. Male me habet quod nondum Commercium Epistolicum ab Anglis editum vidi; ita enim non bene scio quidnam moveant aut quibus argumentis sit satisfaciendum. Valde rogo, ut videas an mihi exemplum ab eo qui plura ex Anglia acceperat procurare possis. Videbo domum redux an omnes illae in Commercio editae literae ad me olim pervenerint, et an non habeam plures ibi non extantes. Et dabo fortasse Commercium Epistolicum meum illo auctius. Interim quod hic Gallice adjicio *), posset mitti ad editorem vel librarium Diarii novi Gallici, quod Hagae edi scribis, et versio ejus Germanica ad Germanicos Diarnalistas, qui Hagiensia repetivere. Cum non viderim quod Londini editum est, haud satis scio, an et quomodo Societas Regia litem suam fecerit. Si verba nonnulla magis ad rem facientia ex edito mihi communicare Tibi vacaret, melius judicare possem. Si quid alicubi edendum Tibi judices, rogo ut mihi communices.

Nunquam demonstrabit Newtonus, gravitatem esse vim primitivam.

LXXVII.
Wolf an Leibniz.

Pervenere ad me Andalae Dissertationes Philosophicae, in quarum prima definitionem substantiae vulgarem contra ea vindicare nititur, quae E. T. in Actis Eruditorum de emendanda prima Philosophia dudum edidit simulque vim activam impugnat. Affectibus magis quam veritati litat et sub finem vehementer optat, ut viri istiusmodi celebres solas res mathematicas meditentur, materias autem mere physicas aut metaphysicas, quibus ingenium ipsorum (ipsa Andalae verba recito) minus forte est aptum vel assuetum, aliis tractandas committerent, non enim omnia possumus omnes. Dn. Menckenius mallet, in recensione placita Autoris non notari, sed per modum epistolae Actis inserere suadet, quae contra hominem semidoctum dicenda. Mearum itaque partium esse judicavi, mentem E. T. ea de re exquirere. Quodsi non dignus videatur, cui Vir summus respondeat, ego ipsi respondebo, communi-

---

cata tamen prius tum recensione tum responsione. Gratum igitur
erit quantocyus rescire, quid ea de re videatur E. T. Grundlingius
noster judicium E. T. de Puffendorfio in collegiis traducit et thesi-
bus suis typo descriptis quaedam ea de re inseruit, sed more suo
sine probatione. Missu Dn. Hermanni accepi librum Poleni de
vorticibus coelestibus ab Autore mihi destinatum; sed nullas addidit literas, suntque qui ajunt eum ad amplectendam Professionem
Francofurtanam non venturum, quod omnino mirarer. Certe nec
Academiae nec Aulae placet, quod adventum minime maturet.
Rumor his diebus percrebuit de valetudine E. T. non satis firma,
qui me valde anxium tenet, sed opto et spero falsum fuisse. Supplex enim veneror supremum Numen, ut E. T. per plurima lu-
stra salvum ac incolumem servet, ut de tanto Patrono adhuc gloriari possim.

Dabam Halae Saxonum d. 21 Dec. 1713.

--- --- --- --- ---

LXXVIII.

Wolf an Leibniz.

Animadversionem Gallicam in controversiam de inventore
calculi differentialis ad editorem novi Diarii, quod Hagae Comitum
edi coepit, misi, simulque Lipsiam versionem Diario Germanico
inserendam. Mitto jam recensionem et excerpta uberiora ex Commercio Epistolico, ex quibus satis constabit, Societatem Regiam litem prorsus suam fecisse: unde et in Diario Hagiensi disertis verbis monetur, sententiam pro Newtono latam tanquam ipsius Societatis accipiendam esse. Accedit, quod Societas non modo sumtu
suo Commercium Epistolicum imprimi curaverit, sed et (ut singulis
exemplaribus adscriptum est) ex dono Societatis per Galliam, Ita-
liam, Bataviam et Germaniam distributum. Immo quorum nomina

Societati cognita fuere, illa quoque libello praemissa fuere. Ita ex. gr. in Gallia singulis Academiae Regiae Scientiarum membris nominatim distributa sunt ex dono Societatis exemplaria, et ego quoque unum accepi, cui adscriptum est nomen meum. Habeo quoque penes me exemplar E. V. reddendum, quod obtinui a Cl. Valero, cui cura libellum inter Mathematicos Germaniae distribuendi erat commissa. Ego sane valde necessarium judico, ut aliqua hujus controversiae in Actis mentio fiat, neque enim deesse video etiam apud nostros, qui calumniantur, Actorum Collectores non optime sibi conscios esse et tacentes agnoscere, quod E. T. plus tribuerint, quam par erat. Sed qualia reponi debeant, ex iis quae mitto excerptis abunde constabit. Novam editionem Principiorum Newtoni vidi et cum priore contuli, sed parum eandem a priore differre deprehendi, ut fere dubitem, an pretio 5 thalerorum quod... statuitur, redimi mereatur. Quodsi tamen E. T. voluerit, ut emam, faciam id quam lubentissime.

Halae Saxonum d. 6 Febr. 1714.

LXXIX.

Wolf an Leibniz.

Non dubito, quin E. T. acceperit exempla uberiora ex Commercio Collinsiano epistolico, quae ante festum Paschatos per veredarium publicum Viennam misi. Nunc cum juvenis quidam eo tendat, qui hactenus apud nos studiis operam dedit, Commercium ipsum mitto. Diarii Hagiensis Collectores non modo schedam Gallicam, sed et Latinam, quam anno superiore ab E. T. acceptam imprimi curavi, in Gallicum idioma translatam, 'mutatis tamen in utroque dictionibus acerbioribus, quae Anglos irritare posse ipsis visa sunt. Promiserunt enim mihi, quod nec ex Anglia quicquam accipere decreverint nisi sub eadem conditione. Versio tamen prioris Germanica inserta est Actis Eruditorum, quae ab aliquo tempore lingua Germanica Lipsiae eduntur. Animos Anglorum adversus Germanos valde exacerbatos esse nonnemo ex Anglia redux mihi significavit, qui cum pluribus Sociis Societatis Regiae collocutus: quod quidem eo facilius fidem meam meruit, quia etiam Hagiensis Diarii collectores scribunt, Anglos hanc controversiam non tractare ut controversiam inter Anglum et Germanum, sed ut inter Britanniam et Germaniam. Cum nunc Amstelodami recudatur nova editio Principiorum Philosophiae naturalis Newtoni, exemplaria editionis Anglicae a bibliopolis Batavis et nostris non comparantur. Puto itaque, E. T. perinde futurum, sive editione Batava sive Anglica potiatur. Quamprimum itaque prodierit (quod mox fieri debere confido), librum emam et occasione data ad E. T. mittam. Quas hactenus adversitates nullo meo merito ab hominibus perfidis expertus fuerim, flagitiorum quodvis genus non invita aula impune perpetrantibus, juvenis ille coram edisseret, qui litteras has reddit. Quod superest, E. T. me plurimum commendo, futurus usque ad cineres etc.

Dabam Halae Saxonum d. 20 April. 1714.

LXXX.

Leibniz an Wolf.

(Im Auszuge)

Diligentem libelli Collinsiani lectionem differre cogor in reditum ad chartas meas, ubi conferre potero. Nihil in rem afferunt qui edidere, ut probent calculum differentialem prius innotuisse quam mihi, nec fere nisi seriebus infinitis occupantur, quarum inventionem libenter etiam Nicolao Mercatori Germano eripere

vellent, si possent. Mea serierum infinitarum cognitio admodum
tenuis initio fuit, aliis intento, praesertim cum vix Geometriam
interiorem attingere coepissem. Sed mox inveni viam illam quae
calculo differentiali nixa multis post annis in Actis Eruditorum a
me edita est, quae longissime alias Methodos Mercatori, Newtono
et Gregorio notas post se relinquit, cum sit universalis. Fortasse
ego ipse Commercii mei Epistolici volumen edam, cui literae non
tantum quas publicaverunt Wallisius et editor Collinsianorum, sed et
aliae inserentur. Et poterunt accedere nonnulla ad vanas cavil-
lationes hujus editoris elidendas, quantum operae pretium videbitur. Non omnes Angli, imo nec omnes ex Societate Londinensi
ineptias editoris Collinsianorum et sophismata colludentium pro-
bant, exterorum autem nemo mihi notus. Si quis Anglis vicem
reddere vellet in Germanos iniquis, uberem inveniret materiam,
ostensurus quam male adulatores Roberti Boylii egerint cum insigni
viro, Ottone Gerikio, indubitato autore Machinae vacui, et quam
ipse Boylius in Germanos parum gratus fuerit, quibus in Chemicis
integrorum libellorum materiam sublegit, ut alia id genus taceam,
velut quae contra Hugenium et Heuratium sunt moliti. Collectores Lipsienses Actorum Eruditorum semper faciles ac pene
nimii fuere in Anglis aliisque exteris laudendis, sed mala gratia
redditur.

Significatum mihi est ex Gallia, credo ex Du. Hermanni
communicatis, confectum a Te esse scriptum Germanicum de anima, in qua a meis sententiis non abhorreas. Quid ejus sit, a Te
discere potero.

Thomasium suadeo ut amicum habere studeas, neque enim
refert quod fortasse in dogmatibus dissidetis, id enim
incolumi licuit semper amicitia.
Habet acumen, doctrinam, dignitatem, quae omnia faciunt ut favorem ejus Tibi conciliatum velim. Et vero cum ipse aderam, a Te
ornando non alienus videbatur. Quid agit Hofmannus, quid Su-
perintendens vester, quid Ludovicus et Gundlingius? Stahlium

ajunt Gundelshemio absente et favente Berolini sanitatis Principum curam habere debere. Vale.

Dabam Viennae.

LXXXI.

Wolf an Leibniz.

Accepi (prout nuper monueram) epistolam Keilii, quam opposuit Animadversionibus in recensionem controversiae de inventore calculi differentialis ab E. T. publicatis: eam igitur ut statim communicarem, e re esse duxi. Miror hominis impudentiam, miror quoque jactantiam, cum tamen constet ex litteris a Moyvraeo ad Varignonium datis (quemadmodum me certiorem reddit Hermannus) ipsum non propriis, sed Newtoni armis instructum pugnare; ipsius tamen ingenio tribuenda esse judico, quae pueriliter adversus argumentum a litteris punctatis sumtum excipit. Neque vero ego video, qui dici possit, in demonstratione quadraturae curvarum Newtoniana calculum differentialem, qui per modum algorithmi exercetur, contineri; etsi concedam, principiis illius demonstrationis etiam locum esse in applicatione calculi differentialis ad quadraturas et alias quaestiones inde pendentes. Forsan non inutile foret, si E. T. responsionis loco veram calculi differentialis originem ostenderet et naturam ne quidem iis, qui eo quotidie cum successu utuntur, satis perspectam explicaret.

Caeterum mihi pergratum foret cognoscere, quomodo E. T. perfectionem definire soleat. Variae quidem mihi definitiones succurrunt, sed vel eas ingrediuntur notiones usus aut finis, vel alia ex ratione non satisfaciunt. Vale etc.

Halae Saxonum d. 3 Octobr. 1714.

LXXXII.

Leibniz an Wolf.

Gratias ago quod Keiliana nova ad me misisti, quanquam etiam aliunde ad me pervenerint: nihil alicujus momenti prioribus addit. Ego vero excerptum accepi ex Diario Societatis Regiae, quo illa declarat, opinionem et relationem eorum quibus Societas rem commiserat, non esse habendam pro sententia definitiva Societatis.

Cogito de meo circa hanc materiam Commercio Epistolico edendo, ut nostra controversia fructum aliquem in publicum ferat. Si datur otium absolvendi adhuc quaedam quae ad Calculi differentialis promotionem pertinent, ejus expositionem uberiorem dabo, ut verae ejus origines melius appareant.

Perfectio, de qua quaeris, est gradus realitatis positivae, vel quod eodem redit, intelligibilitatis affirmativae, ut illud sit perfectius, in quo plura reperiuntur notatu digna.

LXXXIII.

Wolf an Leibniz.

Definitionem perfectionis in multis jam reperi scopo meo respondentem: etsi autem adhuc in nonnullis haeream (ex. gr. an in corpore sano plura observabilia occurrant quam in aegroto, cum tamen sanum perfectius judicetur aegroto), facile tamen mihi ipsi satisfaciam, ubi accuratius eam meditari datum fuerit. Praevideo enim inter observabilia referenda esse, quae ullo modo ex supposito rei statu consequuntur.

Cum Keilius in epistola responsoria Diario Hagiensi inserta,

11

quam mature circa festum D. Michaëlis communicavi, autores schedarum Commercio epistolico oppositarum ignorantiae arguat, quasi nescirent inter rem et signa distinguere, nec argumenta Anglorum discutere valerent; vereor sane ne, qui argumenta ipsa examinare valeant, criminationibus hisce fidem habeant et ex silentio concludant, argumenta Anglorum revera invincibilia esse. Unde novi optare etiam alios, ut plenius respondeatur et expressius, praesertim cum etiam nonnulli, quorum non postrema est in Mathematicis auctoritas, argumenta Anglorum ad speciem composita esse videantur.

Halae Saxonum Febr. 1715.

LXXXIV.

Leibniz an Wolf.

Post honorificam prensationem qua Regio nomine Dn. de Prinzen erga Te usus est, non ausim suadere ut Hallis discedas *). Quin potius arbitror hoc intellecto alios qui Tibi subinde adversati sunt cautius acturos, quod intelligent, si Tibi dent querendi causas, paratam ex aula reprehensionem fore.

Keilio homini impolito ut respondeam, a me impetrare non possum: vix lectu digna habui ac ne vix quidem quae effudit. Si quid notasti quod responsionem mereri aut Tibi aut aliis videatur, fac quaeso ut sciam. Ita enim dabo operam ut amicis satisfaciam. Ne speciem quidem argumenti notavi, unde appareat notitiam inventi Calculi infinitesimalis a Newtono ad me pervenisse. Quin

*) Wolf beabsichtigte nach Wittenberg zu gehen; er wurde aber durch Verleihung des Hofraths-Titels und durch Erhöhung seines Gehaltes bewogen, in Halle zu bleiben.

potius est cur judicemus, Newtono ipsi ante mea edita non satis cognitum fuisse.

Gratum est intelligere, quod mea generalissima perfectionis definitio non displicet. Ex Actis notavi, Te nonnulla mea oretenus accepta, praesertim circa definitionem similitudinis atque usum, et circa Analysin Axiomatum in identicas propositiones et definitiones, insigni Tuo operi inseruisse quod adeo non displicet, ut potius gratias eo nomine agam.

In corpore sano plura esse observabilia quam in aegro, dubitandum non est. Si omnes aegri essent, multae praeclarae observationes cessarent, quae scilicet cursum naturae ordinarium constituunt, qui morbis turbatur: quanto plus ordinis, tanto plus est observabilitatis. Imperfectiones sunt exceptiones, quae regulas id est observationes nempe universales turbant. Si multae essent regulae, nihil esset observatione dignum, chaos merum. In Theodicaea notavi, sapientem semper agere per principia seu regulas, nunquam per exceptiones, nisi cum regulae concurrunt inter se, et altera alteram limitat. Itaque dici etiam potest, perfectius esse quod est magis regulare seu plures recipit observationes nempe generales. Itaque sic distinctius exprimitur mens mea, observationis enim nomen vulgo etiam exceptionibus accommodatur. Multitudo autem regularitatum parit varietatem. Ita uniformitas seu generalitas et varietas conciliantur.

Heineccius eruditione non caret, vellem esset et gravitas quae Theologum commendat etiam apud vulgus. Quid Thomasius, Ludovicus, Gundelingius agunt? Non carent illi ingenio, neque doctrina, sed sunt in sententiis ferendis paulo promtiores, atque ideo retractationibus obnoxii. Non dubito quin incipiant de rebus Mathematicis judicare sanius, etsi forte dissimulent.

Stahlium Gundelshemius Berolinum attraxit, ut magis Hofmanno aegre faciat. Stahlii artem curandi maximam in eo consistere arbitror, ut nihil agat nisi in speciem, caetera naturam sibi relinquat. Harvaeus quidam nuperus librum edidit ante annos aliquot de Arte curandi morbos expectatione, satyricum quidem nonnihil, sed tamen haud nimis a vero alienum. Hi Medici possunt ursurpare quod olim Cancellarius Jena Ratisbonae dicere solebat, nihil faciendo neminem timeas. Politica tamen ipsorum ars est, dissimulare hanc artem, quae si innotesceret, subito aurifera flumina siccarentur. Quid agit optimus Hofmannus noster? Generoso animo spernere videtur fortunam adversam, in quo recte facit. Nec credo ipsi deesse aestimatores.

Fac quaeso ut subinde discam, quid in usum publicum vel privatum moliare; tum quid alii agant praesertim vestri aut vicini. Vale.

Dabam Hanoverae 2 Aprilis 1715.

LXXXV.
Wolf an Leibniz.

Scripsit aliquoties ad me Hermannus et quaesivit, ubi E. V. commoretur: cum enim opus ipsius de motu solidorum et fluidorum sit propemodum totum impressum, Dedicationem ad E. V. eidem praefigere decrevit, sed ignorat dignitatum titulos, quos nec ego ipsi hactenus significare potui. Rogo igitur, ut E. V. eas ad me perscribat, quas tanquam aliunde acceptas ad Hermannum mittam. Ex ejus litteris cognovi, Gallos fortiorem judicare epistolam Keilianam in Diario Hagiensi, quam ut a Keilio proficisci potuerit: arbitrantur itaque Newtonum ipsum argumenta suppeditasse. Iidem optant ut E. V. distinctius ad eadem respondeat, et Hermannus arbitratur, quod E. V. in necessitate aliqua reponendi nunc constituatur. Sed quaenam tum illi, tum hic responsione potissimum digna judicent, non constat. Mihi quidem necessarium videretur ostendere, quod in demonstratione quadraturarum Newtoniana, quae etiam in Actis A. 1712 p. 75 legitur, ipse calculus differentialis nondum contineatur, etsi ea et hic communi quodam fundamento nitantur. Deinde scire velim, quid E. V. reponat ad accusationem, quod in Tentamine de Causis physicis motuum coelestium differentias secundas rite aestimare non noverit, cumque propterea in errorem inciderit, errorem A. 1706 in Actis correctura ob ejus fontem non animadversum duplicem alium commiserit. Sane cum Keilius adeo audacter provocet Autores Schediasmatum, contra quos calamum stringit, et argumenta Anglorum tanta evidentia niti asseveret, ut nec ipsa E. V. aliqua reponere ausura sit; plurimi sane ex silentio concludent bonam Anglorum causam. Videtur autem speciem aliquam habere hoc argumentum, quod Newtonus in epistola descripserit eos methodi suae characteres, qui nulli alii nisi calculo differentiali conveniunt, et quod exempla dederit, unde ingenium mediocre adhibita illa descriptione ipsam methodum hariolari potuerit, praesertim cum una exhibita fuisse dicatur series omnes differentias possibiles quantitatis variabilis cujuscunque complexa. Bernoullium prorsus silere miror, qui ad retractationem parum honorifice provocatur a Keilio.

Hactenus non multa mihi meditari licuit, cum nondum prorsus absolverim Tomum alterum meorum Elementorum. Incidi tamen nuper in regulam geminam inveniendi logarithmum summae atque differentiae duorum numerorum sive rationalium sive irrationalium, sive integrorum sive fractionum, atque potentiarum eorundem. Prior, quam etiam Hermanno ante perspectam fuisse ex litteris ejus cognovi, ex ipsa indole numerorum petita. Sit nempe inveniendus logarithmus ipsius $a \mp b$. Quoniam $a \mp b = \left(1 \mp \dfrac{b}{a}\right) a$, ope logarithmorum facile invenitur $\dfrac{b}{a}$ cum parte proportionali et inde porro $l(a \mp b)$. Mihi quidem haec regula sub initium displicebat ob partem proportionalem quaerendam, sed Hermannus eam admodum commodam in praxi se reperisse scribit, id quod tamen tentare nondum licuit. Missa igitur ista, latera trianguli rectanguli consideravi instar radicum numerorum aggregandorum et inde per trigonometriam elicui hypotenusam: unde regulam ad praxin satis commodam retentuque facilem obtinui. Nec multo absimili modo reperi logarithmum differentiae a — b. Cum regula in praxi subinde habeat usum, miror de ea hactenus non cogitasse Autores. Equidem in Miscellaneis Societatis Leopoldinae quidam Muschel talem dedit, ut postea reperi; sed fundamentum est admodum perplexum et e longinquo petiit, quod ante pedes erat. Reperi quoque facillimam hyperbolae descriptionem, ita ut facilius multo quam parabola aut ellipsi per innumera puncta determinari possit. Sit (fig. 13) BA axis hyperbolae transversus, f et F foci hyperbolarum oppositarum. Ducatur recta fK utcunque et ex f intervallo BA describatur arcus HG, ut fG = BA. Ex eodem centro f ducatur arcus quicunque alius PK et intervallo GK ex foco F intersecetur arcus PK in M; erit M punctum hyperbolae. In constructione adeo aequationum cubicarum et quadratoquadraticarum hyperbolam parabolae atque ellipsi praefero.

Perfectionis notione ad moralia tractanda opus habeo. Cum enim videam, actiones alias tendere ad nostram aliorumque perfectionem, alias vero ad nostram aliorumque imperfectionem, sensus vero perfectionis voluptatem, imperfectionis nauseam quandam excitet; atque affectus, quibus tandem mens inclinatur vel reclinatur, esse modificationes voluptatis atque nauseae istius: obligationis naturalis genesin ita explico. Quamprimum perfectio, ad quam tendit actio quamque indicat, in intellectu repraesentatur, voluptas oritur, quae efficit ut actioni contemplandae magis inhaereamus. Animadversis itaque boni in nos vel alios redundantis circumstantiis, voluptas modificatur et in affectum transit, quo ipso tandem mens ad appetitionem inclinatur. Atque ex hac obligationis indole omnem praxin moralem satis commode deduco. Inde vero etiam emergit regula generalis seu lex naturae: actiones nostras esse dirigendas ad summam nostri aliorumque perfectionem. Ad hanc quippe, non ad aliam directionem natura humana obligat. Notione adeo perfectionis opus habeo, ut principia in aprico ponantur.

adhuc incidet cujus rationem haberi velles, indica quaeso: alii talia saepe melius pervident, qnam nos ipsi. Et ego animadversa Keilii ruditate, nondum ejus schediasma accurata lectione sum dignatus.

Valde probo quae ad praxin commodiorem reddendam pertinent. Itaque Tua applicatio Logarithmorum nova videtur mihi perutilis. Vellem hoc problema solvi posset: Dato uno Numero minore et alterius Numeri majoris Logarithmo, invenire eorum divisorem communem exactum, posito constare aliunde non esse primos inter se, et divisorem communem habere. Pono scilicet alterum numerum esse tam magnum, ut logarithmus quidem ejus commode haberi et tractari possit, ipse numerus autem non aeque. Si hoc problema posset solvi, haberemus Analysin numerorum, seu dato numero non-primitivo, possemus reperire ejus divisores. Et sane possemus obtinere hoc quaesitum, si dato uno minore Numero et alterius Majoris Logarithmo possemus exacte obtinere Residuum divisionis, ponendo Majorem dividi a minore. Hoc enim residuo habito, quod utique ipso Numero minore dato minus, tantum opus foret quaerere numeri minoris dati et hujus residui divisorem communem, qui foret quaesitus. Problema ergo huc reductum erit: Dato Numero minore et dato alterius majoris Logarithmo, invenire exacte in veris numeris integris Residuum, quod prodiret si numerus Major divideretur per Minorem. Pono autem, ut dixi, Numerum Majorem esse tantae magnitudinis, ut nimis laboriosa futura sit ipsius exhibitio et tractatio, Logarithmus tamen ejus commode haberi et tractari possit. Digna 'haec foret inquisitio ingenio Tuo. Nempe dato Numeri Fracti Logarithmo et ejus divisore, opus est invenire differentiam inter hunc numerum fractum et integrum proxime minorem, etsi ipse numerus fractus aut integer proxime minor ob nimiam magnitudinem non habeantur. Inventa haec differentia per divisorem multiplicata dabit residuum quaesitum.

Verum est, quod ais, Hyperbolas constructionibus problematum solidorum ut vocant esse aptiores, quam Parabolas et Ellipses. Parabolae enim sunt omnes unius speciei, at Hyperbolae specierum infinitarum. Undo major datur copia eligendi quod est aptius. Ellipsis autem omnis est finita, at Hyperbola in infinitum procurrit. Atque haec quidem generatim vera sunt; sed saepe aliae conicae aliis problematibus sunt aptiores, et natura quasi pro iis solvendis factae. Nondum hactenus a quoquam data est apta constructio hujus problematis: A dato puncto ad datam sectionem conicam ducere minimam. Pono autem punctum et conicam esse in eodem plano. In parabola eleganter hoc praestitit Hugenius ope parabolae datae et circuli. Etsi enim problema sit solidum, possunt tamen solida per parabolam datam et circulum solvi. Equidem facile est calculo invenire modum, quo problema hoc in Hyperbola et Ellipsi solvitur per lineam datam, ad quam ducenda est minima, et circulum; sed ex illo calculo commodam derivare constructionem haud facile est. Placet Tua constructio Hyperbolae per puncta; aliae habentur plures itidem faciles. Exempli causa, si secantes transferantur in ordinatim applicatas circuli, seu sumantur in sinibus productis, terminabuntur in Hyperbolam. Sit in figura (fig. 14) arcus AR, secans CRS, sinus XR, compleatur rectangulum SAXH, erunt puncta H ad Hyperbolam, sed ad eam tantum cujus latus rectum et transversum sunt aequalia, posito axe pro diametro. Sed tua constructio dabit Hyperbolam quamcunque.

Postremo non est quod putes in definienda perfectione me a priore sententia discessisse. Explicatio est tantum et illustratio prioris, quod nuperrime scripsi. Cum perfectius dico, in quo plus est observabilitatis, intelligo observationes generales seu regulas, non vero exceptiones, quae potius constituunt imperfectiones. Plus observabilitatis esse in re, est plures in ea esse proprietates universales, plus harmoniae; ergo idem est perfectionem quaerere in essentia, et quaerere in proprietatibus quae ex essentia fluunt.

Miror quod quaeris quid sit regularius, cum jam ostenderim id esse, quod plures praebet regulas seu observationes universales. Nihil est regularius intellectu Divino, qui fons est omnium regularum, et producit systema mundi regularissimum seu perfectissimum et quam maxime harmonicum, adeoque plurimarum observationum universalium capax.

Vides etiam hinc, quomodo voluptatem pariat sensus harmoniae seu observatio consensuum, quia juvat perceptionem redditque faciliorem, et ex confusione extricat. Hinc scis placere consonantias, quia in iis consensus facile est observabilis. Videntur igitur mihi omnia pulcherrime conspirare in theoria et praxi, nec vel minimum esse difficultatis. Consensus quaeritur in varietate, hic placet eo magis, quo facilius observatur, et in hoc consistit sensus perfectionis. Perfectio autem in re ipsa est tanto major, quanto major est consensus in majore varietate, sive a nobis observatur vel non. Huc ergo redit ordo et regularitas. Haec non intellexit Spinosa, quando perfectionem a rebus rejecit, tanquam chimaeram nostrae mentis, sed non minus, imo magis pertinet ad Divinam mentem. Sunt et Bruta cujusdam quasi voluptatis capacia, quia observant consensus, quamvis hoc faciant Empirice, non vero ut nos a priori sic ut rationem reddere possint. Illimitatum esse perfectius limitato, nescio an simpliciter dici possit. Illimitatum est chaos aliquod, sed observatio ejus molestiam afferet, non voluptatem. Si intellectus Divinus aeque bona ac mala produceret, illimitatus maneret, perfectus non maneret. Perfectius est existere ex possibilibus sola meliora, quam indiscriminatim bona et mala aeque existere. Est tamen et intellectus quoad optimum illimitatus in suo genere, quia infinitas producit harmonias.

Finem in moralibus constituo (ut nostri) Felicitatem, quam definio statum laetitiae durabilis. Laetitiam definio praedominium insigne voluptatum. Possumus enim in media laetitia sentire dolores aliquos, sed qui prae voluptatibus parum considerantur, ut si alicubi ambitioso podagra laboranti praeter spem regnum deferatur. Oportet autem ut laetitia sit durabilis, ne forte subsequente majore tristitia sit redimenda. Voluptas porro est sensus perfectionis. Perfectio est harmonia rerum, vel observabilitas universalium, seu consensus vel identitas in varietate; posses etiam dicere esse gradum considerabilitatis. Nempe ordo, regularitas, harmonia eodem redeunt. Posses etiam dicere esse gradum essentiae, si essentia ex proprietatibus harmonicis aestimetur, quae ut sic dicam faciunt essentiae pondus et momentum. Hinc pulchre etiam patet, Deum esse perceptione et quidem maxima praeditum seu mentem summam; alioqui non curaret Harmonias. Quod superest vale et fave.

Dabam Hanoverae 18 Maji 1715.

LXXXVII.

Leibniz an Wolf.

Non dubito quin novissimas meas acceperis. Nunc scribo ob duplicem causam. Primum enim a Te peto curare velis, ut scheda adjecta in Actis Eruditorum recensioni libri Domini Pfaffii adjiciatur. Quod si forte jam recensitus sit, poterit tamen sequenti alicui Mensi inseri.

Deinde notare quaedam volui ad praeclara Tua Matheseos Elementa, in quibus Arithmeticen forte inspiciens ab initio statim observavi calami vel typographi lapsu pag. 21, pro B unum poni A unum. Aptius mens mea sic exprimetur: Si quis dicat, A esse H, et B esse H, et A et B esse idem, eo ipso dicit unum H, ita ut definitio unius reducatur ad definitionem ejusdem.

Quod appellas probationem, qualis est per abjectionem Novenariam, Germani eine Probe, malim latine appellari Examen; et potest Examen definiri tentamen refutationis. Sane

etsi tentamen refutationis non succedat, non tamen sequitur id
quod examinatur esse verum, nisi quis omnia vel saltem sufficientia
tentamina instituerit. Interim utilia sunt examina, si sint facilia
et plerosque errores excludant. Non adjecisti usum Examinis per
Novenarii abjectionem in Multiplicatione et Divisione, ubi maxime
utile est. Ego reperi abjectionem Undenarii aeque propemodum
facilem esse ac Novenarii, et si conjungantur, rarum fore errorem
qui non detegatur.

Numerum in genere, qui integrum, fractum, surdum et
transcendentem comprehendat, potuisses etiam definire. Est scilicet nihil aliud quam Homogeneum unitati. Nempe si unitas respondeat rei A, Numerus respondebit rei B, quae sit homo-
genea ipsi A.

Scripsit ad me quidam Dn. Farenheit *), qui se Tibi notum
esse testatur, sed non indicat, quomodo ei responderi possit.

Perplacent quae habes p. 29, ubi demonstras ad mentem
meam, quae vulgo pro Axiomatibus habentur. Cum olim Elementa
Calculi demonstrarem, reperi (quod videtur esse contra n. 86 Tuae
Arithmeticae) non semper verum esse hoc: Si $ab = ac$, sequitur $b = c$, etsi hoc semper verum sit: Si $b = c$, etiam
erit $ab = ac$. Multa alia in rebus, quae vulgo clarissima habentur, observanda essent, si ad vivum resecarentur, quibus neglectis
errores etiam in praxi oriuntur.

Quod superest vale etc. Dabam Hanoverae 11 Jul. 1715.

---

*) Aus einem Briefe Wolf's geht hervor, dass es derselbe ist,
der das Farenheit'sche Thermometer construirt hat. Er beschäftigte
sich damals mit der Anfertigung eines Perpetuum mobile.

LXXXVIII.
Wolf an Leibniz.

· Keilius consueta rusticitate in Transactionibus Anglicanis suggillat solutionem Bernoullianam problematis inversi de vi centrali, quam in Commentariis Academiae Regiae Scientiarum A. 1711 exhibuit, narrante amico. Insolescere videtur, postquam sibi persuadet, ipsi responderi non posse: responsionem enim postulaverunt a me Diarii Hagiensis Collectores. Unde consultum judicarem, si cui novitio tela suppeditarentur, quae in hominem insulsum vibraret.

Quae de perfectione rerum ad me scripsit E. T., ea nondum satis digerere potui.

Halae Saxonum d. 28 Jul. 1715.

Leibniz hat hierzu bemerkt: Nescio an mihi conveniat respondere Keilio, qui scribit ruditer et inciviliter. Cum talibus conflictari meum non est. Volo Antagonistam ita scribere, ut disputatio inter nos sit cum voluptate conjuncta. Si qui ex silentio meo sinistrum judicium capiunt, eorum judicium parum moror.

Suppeditavi modum ostendendi demonstrationem Keilii pro vacuo esse inanem.

LXXXIX.
Wolf an Leibniz.

Litterae E. T. recte mihi traditae sunt, tum priores in quibus Keiliana temeritas notabatur, tum posteriores, quae opus Hermannianum dignis encomiis praedicant.

Postquam hisce diebus ex Anglo quodam, qui me inviserat, intellexi, Keilium ob mores sceleratos (cum studiosis enim curae ac fidei ipsius commissis cauponas et lupanaria frequentavit, lucrum insigne in ebrietate et fornicatione ponens) ab officio Professorio remotum id agere, ut controversiis inclarescat morum pravitate infamis, nec mihi consultum videtur cum istiusmodi homine congredi et litem, quae plerisque videbitur, de lana caprina movere. Neque hoc rerum statu probare possem, si E. T. ad objectiones hominis insulsi responderet. Interim tamen e re Reipublicae litterariae mihi videretur, si Commercium aliquod epistolicum E. T. in publicum prostaret.

Opus profundae eruditionis Hermannianum cum in titulo proferat annum 1716, mensi demum Januario anni sequentis inseri poterit. Cum illud munere autoris celeberrimi ex nundinis Lipsiensibus exspectem, ipsum mihi nondum comparavi: visa tamen recensione ab amico id in usum aliquot horarum petii et plagulas duas priores, etsi alteram non integram, perlegi. Videtur tamen mihi in nonnullis solita desiderari $\dot{\alpha}\varkappa\varrho\iota\beta\epsilon\iota\alpha$, quae in opere tantae ac tam diuturnae meditationis requirebatur. Nam theorema de pondere massae proportionali non videtur mihi demonstratum, quia tota vis demonstrationis redit ad cor. prop. 1. §. 29, quod tamen ex illa propositione non sequitur, sed partem propositionis indemonstratam ampliat. Nimirum non aliud evincitur, quam causam gravitatis non agere in solam superficiem ab horizonte aut, si mavis, a centro Telluris aversam: unde quidem inferri potest, eam agere etiam in partes interiores, non tamen liquet, quod agat in omnes. Multo minus autem sequitur quod in singula elementa aequalia aequali vi agit, ut taceam, nec ideo effectum in singulis fore aequalem, quia vis applicata eadem. Immo satis apparet, ipsum ingeniosissimum Autorem pro ea, quae ipsius est, perspicacia advertisse, corollarium suum non sequi ex propositione sua, unde cum vellet ut lector hanc consequentiam sibi persuaderet, addidit verba (quae alias superflua forent) nullius corporis pondus in omni positione etc., quod si demonstrasset, non opus fuisset theoremate primo. Similiter vacillare mihi videtur demonstratio theorematis

Torricelliani §. 43, quia ibi supponitur, si vis aliqua agat secundum rectam CE (fig. 15) quantitate ut CE et aequipolleat viribus secundum CD et CB agentibus quantitatibus ut CB et CD; completo parallelogrammo ABCD, rectam CE productam fore diagonalem ipsius CA ipsique CE aequalem, cujus ipse tantum inversam §. 41 demonstravit. Neque theorema Archimedeum sine vitio demonstratum: sed circulus re vera admittitur. Etenim ex citationibus apparet, in demonstratione tandem supponi lemma §. 44. Quantum vero ego judico, in demonstratione lemmatis supponitur theorema Archimedeum. Mihi sane non constat, quod quae ibi supponuntur, sine isto theoremate ostensa hactenus fuerint. De reliquis mihi judicare nondum licet, quia legere nondum vacavit. Haec vero non eum in finem scribo, ut invido dente arrodere velim opus encomiis maximis dignum; etenim antequam prodiret, publicis idem exornavi cum in Elementis meis, tum in Diario Hagiensi: sed ut appareat, ἀκρίβειαν methodi perperam ab iis, qui altiora sapiunt, pro re puerili haberi. Quodsi vero E. T. crediderit me in his animadversionibus a vero aberasse, grata mente agnoscam, si errores proprii, quos alteri tribuo, redarguantur. Interim quotidie, quantum per alia negotia licebit, in lectione operis doctissimi pergam et quae mihi dubia visa fuerint annotabo, ut in veritatibus tanti momenti confirmer, iisque olim, ubi plus otii nactus fuero, ad alia forte detegenda uti possim etc.

Halae Saxonum d. 1 Octobr. 1715.

XC.

Leibniz an Wolf.

(Im Auszuge)

Audiveram ego quoque Keilii mores non admodum laudari, sed ignorabam eo rem processisse, ut ab officio fuerit depositus.

Fortasse id contigit ante multos annos, et jam censetur expiatum; idque ex eo suspicor, quod cum intelligo nunc in locum Walleri demortui factum esse Secretarium Societatis Regiae secundum et Hallejo adjunctum, quod suis in nos latratibus videtur apud Newtonum et alios ejus factionis meruisse.

Recte mones', Dn. Hermannum videri in demonstrando aliquando procedere indulgentius quam par sit. Praestat assumere propositiones quasdam per modum postulati, ut fecit Euclides, quam insufficienter demonstrare. Ipsemet cum monui, theorema de pondere massae proportionali non esse demonstratum, nam modo materia aequalis gravitatis specificae per totum volumen sit aequabiliter distributa, situs, a quo ipse argumentum petit, nullum discrimen faciet.

Demonstratio theorematis Robervalliani, Torricellio propositi, fortasse non difficulter perfici posset. Theorema Archimedeum accuratius ostendi merebatur. Sane si assumamus compositiones tendentiarum pro sufficiente aestimatione virium, fateor hinc facile sequi theorema Archimedeum; sed ista assumtio rigorose demonstrari secundum Geometrarum methodos non potest, et succedit tantum in viribus mortuis, non in vivis, nisi singulari quadam cautela. Itaque bene Archimedes demonstrationem aequiponderantium aliunde petivit. Nescio etiam, an Dn. Hermannus rigorose satis demonstravit, quam in appendice probare aggressus est, demonstrationem Existentiae Centri gravitatis in extenso figurae cujuscunque, et alia quae a Galilaeo, Torricellio et aliis demonstrata fuisse negat, suoque modo demonstrare aggreditur. Mihi ista examinare non vacat; itaque ne alios decipiamus, ex monitu tuo verba quaedam in Recensione mutanda vel moderanda putem hunc (si Tibi videtur) in modum: In fine §. paucos habemus libros etc. poni potest: caeterum brevitatis causa quaedam interdum in demonstrationibus supposuisse videtur, quae in eorum gratiam, qui in his non satis sunt versati, fusius doceri mererentur. In §. librum primum etc. pro inopinato incidit ponatur: inopinate se incidisse ait, et pro verbis: theorema demonstrat ex quo ponatur: theorema exhibet ex quo, et pro verbis: 7 Sept. 1693 editum ponatur: 7 Sept. 1693 editum et demonstratum. Et in §. sectione secunda pro: hanc regulam generalem ostendit §. 141, ponatur: hanc regulam generalem profert in omni hypothesi §. 141. Et in §. tractat etiam etc. versus finem pro: generaliter in omni hypothesi probatur, poni poterit: generaliter in omni hypothesi constituitur. Et §. antequam finiat etc. versus finem pro: autor noster hic probat, ponatur: autor noster hic approbat. Et in §. sectio tertia pro: autor ostendit §. 439, ponatur: autor docet §. 439. In §. in appendice sub initium pro: aliter quam Wallisius probat, ponatur: aliter quam Wallisius constituit. In fine ejusdem §. pro: at autor noster demonstrat, poni poterit: at autor noster modum ostendit, quo ex prioribus hoc demonstrari posse judicat.

XCI.

Wolf an Leibniz.

Multis adhuc negotiis impedior, ut de resolutione problematis cogitare non possim. Tentavi equidem eandem duobus modis et in aliquam incidi; sed in utraque methodo prodeunt duae aequationes locales ad hyperbolam. Per duas autem hyperbolas constructionem elegantem jam dedit van Kinckhuysen. Interea animadverti, perpendicularem ex puncto dato ad lineam quamcunque in plano descriptam ductam esse omnium minimam, quod de recta sola ostenditur in elementis, atque adeo reduxi problema ad inventionem normalis a puncto dato ad sectionem conicam datam ducendae: quo in casu calculo differentiali opus non est. Sed, ut dixi, eaedem hic prodeunt quas obtineo aequationes, dum E. T. methodo de maximis et minimis utor. Quamprimum vero vacabit (id quod tamen ante finem Januarii vix accidet), serio de resolutione cogitabo.

Rogatus ab Hermanno, monueram et ego me circa demonstrationem theorematis de gravitate massae proportionali haerere. Rescripsit ille, se mordicus eam defendere nolle, quamvis non deessent, quae si adderentur, probationem saltem probabilitatis summae speciem habituram. Addam tamen, quae in posterum, ubi ad lectionem operis redire licebit, dubia alia mihi suboritura, cum ea sibi grata fore ultro significaverit.

Quod E. T. Elementa mea pariter ac officia, quae a me proficisci possunt, sane tenuia non displiceant, grata mente agnosco et praedico, tantum abest ut me aliquam gratiam mereri arbitrer. Vale etc.

Halae Saxonum d. 19 Dec. 1715.

XCII.

Leibniz an Wolf.

Ita est ut observas: perpendiculares ad curvam sunt certo sensu minimae ex puncto dato. Certo sensu, inquam, non absolute, ut ad rectam. Nam opus est ut punctum sit extra curvam seu a parte convexa; alioqui potius maximae sunt. Et ne sic quidem res absolute efferri potest: nam sunt quidem maximae minimaeve sui ordinis seu inter vicinas, sed non omnium quae ad curvam duci possunt. Nam cum curva habet plures ordines seu quando eae quae ad ipsam duci possunt ex puncto dato plus semel crescunt vel decrescunt, plures maximae minimaeve duci possunt.

Et rem ita acceptam putem demonstrari posse. Veteres, quam nos nou male perpendicularem vel etiam Maximo-minimam dicimus, appellabant μοναχὴν, unicam seu solitariam, ubi geminae vel etiam plures in unam evanescunt. Cui considerationi suam de radicibus aequalibus Methodum Cartesius inaedificavit.

Miror cur Kinkhusius problema de Maximo-minima ad Conicam per binas Hyperbolas solverit, cum facillime solvatur per unicam Hyperbolam combinatam cum Conica data, quae eam secet in illo ipso puncto aut potius (persaepe) in illis ipsis punctis, in quo aut quibus Minimae ex puncto dato Conicae datae occurrunt. Sed deprehendere mihi olim visus sum, non posse dari generali constructione circulum qui curvam conicam datam secet in omnibus illis punctis, ubi ex puncto dato eductae minimae ipsi occurrunt. Et hoc est quod problema reddit paulo difficilius. Nihilominus puto problema solvi posse per Circulum et Conicam datam. At puncta, in quibus circulus conicae occurret, non erunt illa ipsa, in quibus Conicae occurrunt Minimae ex puncto dato, sed quae inservient tamen ad illas determinandas.

In propositionibus Dn. Hermanni admitto ego gravitates ad sensum esse massae proportionales in corporibus homogeneis, sed non inde sequitur quamlibet partem gravis seu in ejus volumine comprehensam esse gravem; sufficit enim partes graves et nongraves esse aequabiliter distributas per volumen. Dn. Hermannus hic nimis Anglis obsecutus videtur. Sed illi hoc parum grate agnoscunt. Ajunt enim jam Keilium nescio quas in eum stricturas edidisse. Isti homines alios ferre non possunt. Urit eos quod responsione ipsos non dignor. Itaque crambem commercii in Transactionibus recoxerunt et versionem transactionis iuseri curarunt Diario Hagiensi literario. Et quo magis me ad respondendum permoverent, etiam mea principia Philosophica ibidem aggressi sunt, ut audio. Sed ibi quoque dentem solido illident. Serenissima Princeps Walliae quae Theodicaeam meam legit cum attentione animi eaque delectata est, nuper pro ea cum quodam

Anglo Ecclesiastici ordinis accessum in aula habente disputavit, ut Ipsa mihi significat. Improbat illa, quod Newtonus cum suis vult, Deum subinde opus habere correctione suae machinae et reanimatione. Meam sententiam, qua omnia ex praestabilito bene procedunt nec opus est correctione, sed tantum sustentatione Divina, magis perfectionibus Dei congruere putat. Ille dedit Serenitati Suae Regiae schedam Anglico sermone a se conscriptam, qua Newtoni sententiam tueri conatur meamque impugnare; libenter mihi imputaret Divinam gubernationem tolli, si omnia per se bene procedant, sed non considerat Divinam gubernationem circa naturalia in ipsa sustentatione consistere nec debere eam sumi ἀνθρωποπαθῶς. Respondi nuperrime et responsionem meam ad Principem misi. Videbimus an ille sit replicaturus. Gratum est quod materiam antagonista attigit, quae non resolvitur in considerationes Mathematicas, sed de qua ipsa Princeps facile judicium ferre potest. Vale et fave.

Dabam Hanoverae 23 Decembr. 1715.

P. S. Felicia festa precor.

XCIII.

Wolf an Leibniz.

Ita est, quod occuper in Dictionario Mathematico conscribendo: quem laborem nolens volens suscipere debui rogatu Menckenii, commodis Soceri sui velificaturi. Sed cum jam litteram T fere absolverim, spero fore, ut propediem ad umbilicum rem perducam. Tomi tertii Matheseos mentionem injeci in praefatione secundi in gratiam bibliopolae metuentis, ne forte liber in Batavia recudatur: sed de eo vix cogitabo. Opto enim otium, ut de promovendo Philosophiae studio serio mihi cogitare liceat, quo fides oculata convincat incredulos, Mathesin ad Philosophiam rectius tractandam praeparare animum eidemque insueta suppeditare adminicula. Postquam Professio Physices mibi nuper demandata fuit, cogitandum etiam erit de Physica per experimenta promovenda et Mathesi ad eam applicanda. Animus inprimis est, per aestatem nonnulla circa vegetationem experiri. Biennium fere effluxit, cum in rationem inquirerem, cur subinde ex unico granulo frumenti ingens aristarum numerus enascatur, tumque in avena sumto experimento didici, si nodi aristae terram contingant, singulos nodos radices agere, et binas aristas novas protrudere, ita ut hac ratione vegetatio continuo procedat, etiamsi aristae priores ad maturitatem pervenerint: qua ratione ex unico granulo enatae sunt granorum avenae myriades nec nisi frigus vegetationi finem imposuit. Unde didici, causam genuinam non esse liquorem quendam, in quo frumentum maceratum plura evolvat, quae in ipso continentur quam vulgo fieri assolet. Haec experimenta studiosius repetere aliaque addere libet, ac imprimis agitabo, num aliquid inde in usum humanum emolumentum redundare possit. Phases eclipseos solaris anni superioris ab Heckero Dantisci observatae in Actis anni praesentis mense Januario jam leguntur, quamvis nomen Observatoris non fuerit expressum, et cum schematismus, tum alia quaedam notatu digna sint omissa. Notata etiam sunt nonnulla de observatione Warsaviensi. Vix itaque fieri poterit, ut denuo, quamvis melior, inseratur. Litteras ad Dn. Teuberum, quamprimum dabitur, mittam: heri enim ex itinere quodam redux eas demum accepi. Quae Keilius in Actis Anglicanis contra Philosophica E. T. objecit, nullius sunt ponderis, immo ne nomine objectionis digna: recenset enim tantum nonnulla, in quibus E. T. dissidet a Newtono, quasi vero Newtoniana adeo sint manifesta, ut erronea censeuda sunt, quae cum iis non conveniunt. Miror autem, quod homo insulsus asserere non erubescat, The editors of the Acta Eruditorum have hold the World, that Mr. Newton denies, that the cause of gravity is mechanical... and Mr. Leibniz hath accused him of making

Gravity a natural or essential property of bodies, and an occult quality and miracle. And by this sort of railery they are perswading the Germans, that Mr. Newton wants judgment, and was not able to invent the infinitesimal method. Diserte enim Newtonus ait, causam gravitatis non agere pro quantitate superficierum particularum, in quas agit, ut solent causae mechanicae, et vi spiritus cujusdam subtilissimi corpora crassa pervadente et in iisdem latente particulas corporum ad minimas distantias se mutuo attrahere etc. Immo ipsimet Angli (forsan ipse Keilius) in Diario Hagiensi p. 217 scribunt de Newtono, il demontre, que la gravité n'est pas purement mechanique. Sed quam sit perfrictae frontis in asserendis manifesto falsis, vel exinde apparet, quod asserat, Brounkerum primum dedisse quadraturam Hyperbolae per seriem infinitam, quam paulo post per Wallisii divisionem demonstraverit Mercator, cum tamen in Transactionibus Anglicanis A. 1668 mense Martio dicatur, Mercatoris Logarithmotechniam jam sub praelo sudare mense autem Aprili Brounckeri quadratura exhibeatur et Wallisius, visis Brounkerianis, in iisdem mense Augusto litteris ad Brounkerum datis Logarithmotechniam et inprimis quadraturam hyperbolae Mercatoris valde probet atque commendet, quemadmodum sub voce series infinita in Dictionario Mathematico notavi. Historica enim inspergo et sedes doctrinarum iudico, ne in nudis nominibus exponendis cum taedio sit versandum. Vale et fave etc.

Dabam Halae d. 15 Martii 1716.

P. S. Observationem Heckerianam cum aliis, quae adhuc penes me sunt, data occasione remittam.

XCIV.

Leibniz an Wolf.

(Im Auszuge)

Gaudeo etiam physicam professionem Tibi demandatam esse, et nosse velim qua id ratione actum: nam Stahlium sibi servasse putaram, quem Gundelsheimius odio Hofmanni Berolinum attraxerat. Nescio an fama praxeos speculationibus respondeat. Quia physicis admotus es, optem ut de eo cogites ante omnia, quod post virtutem unum omnium maxime necessarium est, de Medicina id est sanitate tuenda vel recuperanda. Et quia non satis de causis constat, vellem incipi ab effectis, id est observationibus potissimis. Suspicor medicamentum generosa prodesse semivenenatum qualitate, id est irritando, nec Corticem Peruvianum febris typum tollere, nisi quia valde perturbat. Non sunt spernenda quae Regius, Cranius aliique Medici Batavi Cartesiani protulere, sed sufficientia non sunt, nec verum est omnia mala ab obstructionibus nasci, nam et humores admodum immutari arbitror. Et in humoribus, crassiores intelligo, puto sitas esse magis remotas morborum causas, in subtilioribus per solida sparsis propiores.

Suadeo ut aliquando breviora quaedam Medicinae compendia consulas, velut Walaei (cum notis Welschii Augustani), Waldschmidii patris, Oligeri, Jacobai. Tschirnhusius etiam noster non spernendus est, etsi in judicando sit paulo promtior, sed hoc, si modeste facias, non est improbandum in re tam conjecturali. Nescio an legenda dederim, quae aliquando inter me et Stahlium Canstenio mediatore sunt disputata, etsi pauca controversiae nostrae ad medicinam pertineant. Quia de vegetatione cogitas, mittam alia occasione (ne nunc nimius sit fasciculus) quae Leeuwenhoekius observata in eam rem singularia nuper ad me misit.

Quid de Ratisbonensibus promissis sentis? suspicor inesse aliquid aequivocationis, etsi possit subesse quod non spernas.

XCV.
Wolf an Leibniz.

Gratias ago quas possum et debeo maximas, quod E. T. nuper me invisere dignata fuerit. Cl. Hermanno jam ante significavi, problema Anglorum potissimum causa propositum esse: dumque respondit, se a publicanda solutione sua abstinere velle. Interim tamen non video, quid obstet, quo minus publice significetur, ipsum solutionem habere, sed in gratiam aliorum publicationem differre.

Cum ex nuperrimo discursu intellexerim, E. T. non perlectam esse methodum tangentium Barrowii; ut judicare detur, quaenam cognatio ipsi cum calculo differentiali intercedat, Jubet eam exemplo parabolae illustrare.

Jubet ergo Barrowius, arcum Mm assumi indefinite parvum (ita enim loquitur) et reliqua fieri, uti notum. Vocat (fig. 16) $mR = a$, $MR = e$, $PT = t$. Unde si $AP = x$, $PM = y$, erit $Ap = x + e$, $pm = y + a$, et posita parametro $= r$ ex natura parabolae $y^2 + 2ay + aa = rx + re$. Jubet hinc abjici aequalia y^2 et rx, deinde potentias indefinite parvorum, qualis hic aa, et in aequatione residua $2ay = re$ pro a substitui y, pro e vero t, quia hae quantitates sibi mutuo proportionales. Et sic habetur $2yy = rt$, sive $t = 2yy : r$.

Hoc tamen calculo non utitur in quadraturis, sed ad eas absolvendas methodo Gregorii a S. Vincentio demonstrat theoremata quaedam, quae nullo negotio ex calculo differentiali sequuntur: veluti si (fig. 17) AMC normalis sit MR et curvae LNO semiordinata $PN = PR$, fore spatium $APNL = \frac{1}{2} PM^2$; solidum ex MP in PN sub altitudine AP esse $= \frac{1}{3} PM^3$, immo in genere ex P^n in PN $= \dfrac{P^{n+2}}{n+2}$ etc. Similiter si fuerit (fig. 18) $QN = PT$ subtangenti, fore spatia RQN et AMP aequalia. Sane integras lectiones Geometricas Barrowii quas tanti faciebat Tschirnhusius, veluti ea continerent, unde ad altiora pateat progressus, ope calculi differentialis ad paucas lineas reducere licet, primo statim intuitu manifestas. Tschirnhusius autem calculo Barrowiano utendum esse censebat etiam in altioribus, monstravitque aliquando, uti nuper dixi, exemplum in evolutis curvarum determinandis: sed calculus erat valde perplexus, ut adeo eum non magni fecerim, verum sponte oblivioni tradiderim. Mihi in istis lectionibus placet, quod generalia curvarum symptomata ex notionibus generalibus demonstraverit. Et forte non inconsultum foret, scribere quoque elementa curvarum, qualia Euclides dedit in rectilineis, in quibus generalia et utilia theoremata continuo nexu demonstrarentur. Non ingratum foret, quin immo longe gratissimum, si E. T. mihi significare dignaretur, qualia et quaenam in istiusmodi elementis pertractari deberent. Forsan enim in hoc argumento utiliter ego versarer. Quod superest, vale etc.

Dabam Halae Saxonum d. 19 Jul. 1716.

XCVI.

Leibniz an Wolf.

In Barroviana Tangentium quam excerptam transmisisti methodo nihil invenio quod non jam sit Fermatio (autori methodi de maximis et minimis), Robervallio, Slusio aliisque usurpatum. Itaque cum Barrovianas lectiones vidi (Anno Domini 1675 quantum recordor), nihil in hac methodo attentione dignum reperi, praesertim cum meam uberiorem jam haberem. Nervus veri calculi differentialis est, unamquamque quantitatem habere sua elementa, et elementum tanquam affectionem quandam seu functionem quantitatis ipsius considerari posse, ne literae incognitae praeter necessitatem multiplicentur, atque inde certa quadam calculandi ratione pendere, algorithmo proprio comprehendenda, idque locum habere, sive elementa sint comparabilia quantitatibus, ut in seriebus numericis seu quantitatibus discretis, sive incomparabiliter minora, ut in quantitatibus continuis, ubi compendium est majus. Dn. Tschirnhusius de mea methodo dicere solebat, esse compendium compendii, sed ni fallor plus quam compendium praebet, etiam Hugenio judice, maxime utique idoneo.

Ad rem curvarum generatim tractandam etiam phorographia generalius tractanda foret.

XCVII.

Leibniz an Wolf.

(Im Auszuge)

Angli qui subitam solutionem minati erant, nunc quantum hactenus intelligo silent et ut arbitror quaerunt adhuc viam methodumque, qualem ego primus olim detexi et per literas Dn. Joh. Bernoullio significavi, qui ea praeclare usus est ad hoc problema; neque enim vulgaris ars differentiandi, qualem post me publicavit Hospitalius, hic sufficit. Ubi mihi post finitos historicos labores nonnihil temporis superfuerit, spero adhuc dare aliquid magni momenti ad promovendam Scientiam infinitesimalem ultra ea quae Newtoniani hactenus vel ex suis vel ex nostris norunt.

Russis *) subvenire etiam absentes possumus et melius fortasse quam praesentes, cum positis elementis disciplinarum qualia

---

*) Wolf hatte einen Antrag erhalten, nach Russland zu kommen, und hatte gegen Leibniz die Absicht ausgesprochen diesem Ruf zu folgen.

ego meditor vel potius animo designo a Te potissimum et paucis aliis Tui similibus conficienda. Puto autem id agendum inter alia, ut Veterum phrases et dogmata quantum commode retineantur, quo intelligantur melius scripta anteriorum; neque enim non necessariam in vocabulis artium innovationem probo, quae nunc passim invalescit audacia ac non raro etiam ignorantia recentiorum quorundam haud satis vetera vel curantium vel silentium. Quae res confusionem..... parit, ut qui hodie sic frena sibi laxant, nec ab aliis nec invicem intelligantur. Ego certe cum nuper Rudigeri (?) opus novum inspexissem, vidi labore et studio mihi opus fore ut intelligere possem, quae intellecta vereor ne inania deprehendantur.

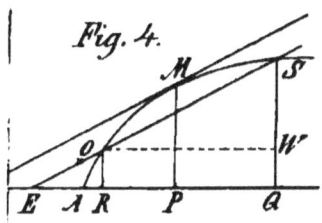
Fig. 4.

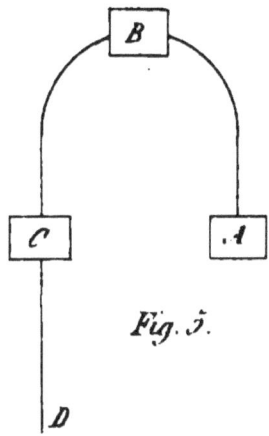
Fig. 5.

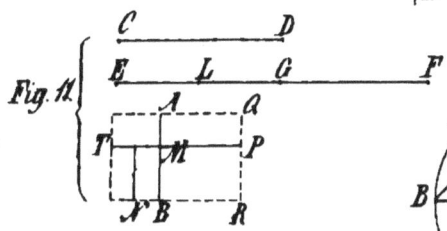
Fig. 11.

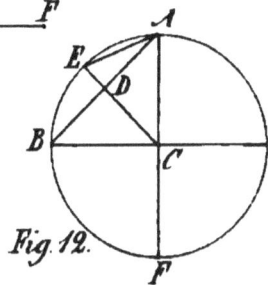
Fig. 12.

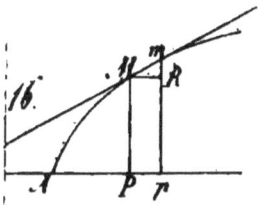
16.

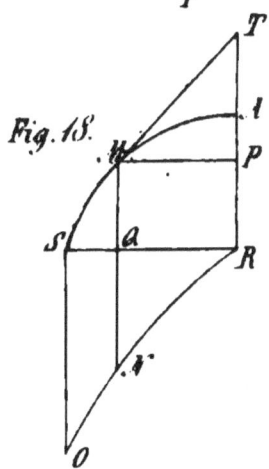
Fig. 18.

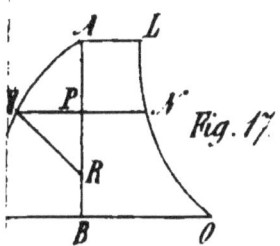
Fig. 17.

www.ingramcontent.com/pod-product-compliance
Lightning Source LLC
Chambersburg PA
CBHW021801190326
41518CB00007B/399